四大名著 注音版

水滸傳

施耐庵 原著　　孫雪蓮 改編

學生版

中華書局

□ 責任編輯：蔡志浩
□ 裝幀設計：無　言
□ 排　　版：黎品先
□ 印　　務：劉漢舉

四大名著 注音版

水滸傳

□ 原著　施耐庵

□ 改編　孫雪蓮

□ 出版　中華書局（香港）有限公司
香港北角英皇道 499 號北角工業大廈一樓 B　電話：（852）2137 2338　傳真：（852）2713 8202
電子郵件：info@chunghwabook.com.hk　網址：http://www.chunghwabook.com.hk

□ 發行　香港聯合書刊物流有限公司
香港新界大埔汀麗路 36 號　中華商務印刷大廈 3 字樓
電話：（852）2150 2100　傳真：（852）2407 3062　電子郵件：info@suplogistics.com.hk

□ 印刷　美雅印刷製本有限公司
香港觀塘榮業街 6 號 海濱工業大廈 4 樓 A 室

□ 版次　2016 年 10 月初版

□ 規格　16 開（235 mm × 170 mm）

□ ISBN：978-988-8420-46-9

□ 本書經由接力出版社獨家授權
出版發行繁體中文版本

mù 目 lù 錄

wù fàng zhòng yāo mó
誤放衆妖魔

shuǐ hǔ zhuàn jiǎng de shì shén me shí hou de gù shi
1.《水滸傳》講的是甚麼時候的故事？

gāo qiú shì gè zěn yàng de rén
2. 高俅是個怎樣的人？

huà shuō zài běi sòng shí qī jǔ guó shàng xià fā shēng le yì chǎng dà wēn yì sǐ wáng rén shù hěn duō ài mín rú zǐ de sòng rén zōng jí máng pài diàn qián tài wèi hóng xìn qián wǎng jiāng xī lóng hǔ shān qǐng zhāng tiān shī lái jīng shī zuò fǎ xiāo chú wēn yì hóng xìn yuán mǎn wán chéng rèn wu lóng hǔ shān de dào zhǎng biàn liú tā duō zhù jǐ rì nǎ zhī zhè yí zhù jiù rě chuhuò lai

話説在北宋時期，舉國上下發生了一場大瘟疫，死亡人數很多。愛民如子的宋仁宗急忙派殿前太尉洪信前往江西龍虎山，請張天師來京師[①]作法，消除瘟疫。洪信圓滿完成任務，龍虎山的道長便留他多住幾日。哪知這一住就惹出禍來！[②]

①【京師】
北宋的國都，也叫東京開封府、東京汴梁，現今的河南省開封市。

②【哪知這一住就惹出禍來！】
分析：一句感慨，就引人入勝，馬上吸引住小讀者的好奇心。

cì rì dào zhǎng děng rén péi tóng hóng xìn yóu shān hóng

次日，道長等人陪同洪信遊山。洪

xìn bèi yòu láng hòu de shàng qīng gōng xī yǐn yīn wèi zhǐ yǒu zhè
信被右廊後的上清宮吸引，因爲只有這

yí diàn shì suǒ zhe de yuán lái zhè lǐ miàn zhèn zhe mó jūn hóng
一殿是鎖着的，原來這裏面鎮着魔君。洪

xìn hào qí fēi yào kàn mó jūn zhǎng shén me yàng zhòng rén kǔ
信好奇，非要看魔君長甚麼樣。衆人苦

quàn hóng xìn què bān chu huáng shang shuō tā men kàng zhǐ dào
勸，洪信卻搬出皇上，説他們抗旨。道

zhǎng wàn bān wú nài zhǐ hǎo jiào rén dǎ kāi
長萬般無奈，只好叫人打開。

zhòng rén tí xīn diào dǎn de jiē le céng céng fēng pí qiào
衆人提心吊膽地揭了層層封皮，撬

le dà suǒ tuī kāi mén zhǐ jiàn lǐ miàn hēi dòng dòng yīn sēn
了大鎖。推開門，只見裏面黑洞洞、陰森

sēn de dà jiā yòng huǒ bǎ yí zhào fā xiàn diàn zhōng yì zhī
森的。大家用火把一照，發現殿中一隻

jù dà de shí guī tuó zhe yí kuài gāo liù chǐ de shí bēi bēi hòu
巨大的石龜馱着一塊高六尺的石碑，碑後

kè zhe yù hóng ér kāi sì gè dà zì hóng xìn hā hā dà xiào
刻着「遇洪而開」四個大字。洪信哈哈大笑

shuō nǐ men bú ràng wǒ jìn lai què bù zhī jǐ bǎi nián qián jiù
説：「你們不讓我進來，卻不知幾百年前就

zhù dìng shì wǒ dǎ kāi zhòng rén yǎ kǒu wú yán hóng xìn cuī
注定是我打開！」衆人啞口無言，洪信催

cù wǎng xià wā dāng zhòng rén jiāng zuì hòu yí kuài shí bǎn qiào
促往下挖。當衆人將最後一塊石板撬

kai kàn jiàn yí gè shēn bú jiàn dǐ de dì xué
開，看見一個深不見底的地穴。

tū rán cóng dì xué li chuán chu yì shēng jù xiǎng jǐn jiē
突然從地穴裏傳出一聲巨響，緊接

zhe yì tuán hēi qì cóng dì xué li fān gǔn ér chū chōng pò wū
着一團黑氣從地穴裏翻滾而出，衝破屋
dǐng zhí shàng yún duān yòu huà zuò bǎi shí dào jīn guāng wǎng sì
頂直上雲端，又化作百十道金光，往四
miàn bā fāng qù le zhòng rén xià de dōng duǒ xī cáng hóng xìn
面八方去了。衆人嚇得東躲西藏，洪信
jīng de mù dèng kǒu dāi dào zhǎng bú zhù jiào kǔ de shuō tài
驚得目瞪口呆。道長不住叫苦地說：「太
wèi a dāng chū dòng xuán zhēn rén jiāng sān shí liù yuán tiān gāng
尉啊，當初洞玄真人將三十六員天罡
xīng qī shí èr zuò dì shà xīng gòng yì bǎi líng bā gè mó jūn
星、七十二座地煞星，共一百零八個魔君
zhèn zài zhè lǐ jiù pà tā men chū lai hòu tiān xià dà luàn zhè
鎮在這裏，就怕他們出來後天下大亂，這
kě rú hé shì hǎo a hóng xìn tīng de xīn jīng dǎn zhàn tā
可如何是好啊？」洪信聽得心驚膽戰。他
huāng huāng de shōu shi xíng li dài rén jí jí xià shān huí
慌慌地收拾行李，帶人急急下山回
jīng huí dào jīng shī wēn yì yǐ jīng tíng zhǐ le rén zōng
京。① 回到京師，瘟疫已經停止了，仁宗
bìng bù zhī dào hóng xìn fàng yāo mó de shì hái shǎng cì le
並不知道洪信放妖魔的事，還賞賜了
tā kě hóng xìn měi tiān zuò wò bù ān zǒng dān xīn tiān xià chū
他。可洪信每天坐卧不安，總擔心天下出
luàn zi
亂子。

①【他慌慌地收拾行李，帶人急急下山回京。】

分析：「慌慌」「急急」兩個詞語的運用和銜接，能清晰地刻畫出洪信的緊張和懼怕心情。

sān shí duō nián hòu kāi fēng fǔ yǒu yí gè wú lài jiào gāo
三十多年後，開封府有一個無賴叫高
qiú yí rì tā yīn cuò yáng chā bèi pài qù gěi huáng dì de dì di
俅，一日他陰錯陽差被派去給皇帝的弟弟

duān wáng sòng lǐ zhèng qiǎo gǎn shang duān wáng hé shì cóng tī
端王送禮，正巧趕上端王和侍從踢

qiú gāo qiú zài yì páng hòu zhe zhēn shì tā shí lái yùn zhuǎn
球。高俅在一旁候着，真是他時來運轉①，

qià qiǎo qiú diào dào tā shēn biān tā shǐ gè yuān yāng guǎi tī le
恰巧球掉到他身邊。他使個鴛鴦拐踢了

huí qù duān wáng jiàn tā jīng tōng qiú jì yí dìng yào tā zhǎn
回去。端王見他精通球技，一定要他展

shì yú shì gāo qiú bǎ píng shēng běn shi dōu yòng le chū lái
示。於是高俅把平生本事都用了出來，

nà qiú hǎo xiàng zhān zài tā shēn shang yí yàng duān wáng rú
那球好像粘在他身上一樣。② 端王如

huò zhì bǎo jí máng jiāng gāo qiú yào dào zì jǐ fǔ shang bù
獲至寶，急忙將高俅要到自己府上。不

jiǔ dāng cháo tiān zǐ zhé zōng jià bēng tā méi yǒu tài zǐ zhòng
久當朝天子哲宗駕崩，他没有太子，衆

chén biàn yōng lì duān wáng wéi huáng shang jí sòng huī zōng gāo
臣便擁立端王爲皇上，即宋徽宗。高

①【時來運轉】

舊指時機來了，命運也有了轉機。指境況好轉。

②【於是高俅把平生本事都用了出來，那球好像粘在他身上一樣。】

分析：一個「粘」字，生動地描寫出高俅的球技確實高超。

qiú yě gēn zhe zhān guāng bú dào bàn nián biàn shēng zhì diàn shuài
俅也跟着沾光，不到半年便升至殿帥
fǔ tài wèi le
府太尉了。

gāo qiú xuǎn le jí rì qián qù shàng rèn bā shí wàn jìn
高俅選了吉日前去上任，八十萬禁
jūn jiào tóu wáng jìn yīn bìng méi lái bài jiàn gāo qiú yìng shì
軍教頭①王進因病沒來拜見。高俅硬是
pài rén bǎ tā jiào lai hái yào zé dǎ tā bèi zhòng rén quàn
派人把他叫來，還要責打他，被衆人勸
xia wáng jìn huí jiā gào su mǔ qīn yǐ qián yǔ fù qīn yǒu chóu
下。王進回家告訴母親，以前與父親有仇
de gāo qiú xiàn jīn dāng le dǐng tóu shàng si liǎng rén yì hé
的高俅，現今當了頂頭上司。兩人一合
ji gān cuì shōu shi dōng xi lián yè lí kāi cì rì gāo qiú
計，乾脆收拾東西，連夜離開。次日高俅
dé zhī dà nù yào zhuā bǔ tā men wáng jìn èr rén cōng cōng
得知，大怒要抓捕他們。王進二人匆匆
gǎn lù
趕路。

①【禁軍教頭】

禁軍是宋代宮廷的正規軍，教頭指的是操練士兵武藝的軍官。

名師小講堂

除了陌生人的話以外，聽話守規矩是對自己最好的保護！上清宮鎮着妖魔已八九代之久，大家都遵守規矩。洪信卻任性不肯聽勸，結果闖出大禍，讓自己很多年都擔驚受怕，實在是不值得！

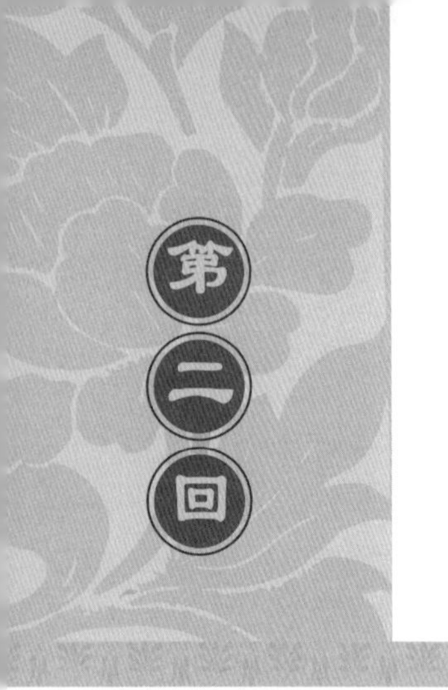

巧遇魯提轄

qiǎo yù lǔ tí xiá

提問

1. 史進爲甚麼燒自己的宅子？

2. 魯提轄爲甚麼要打鎮關西？

王進母子住在史進①家的宅子。王進深感過意不去，他見史進的武藝尚有破綻，有心想教他。史進卻不服，向王進挑戰。王進拖棒便走，史進掄棒便追，王進猛地回身，向他打來，史進急忙用棒來擋。哪知王進這招是虛的，他接着將棒一横，衝史進懷裏一挑，只見史進棒也飛了，人也摔了，狼狽極了！②

①【史進】

天微星史進因上身有九條龍的花繡，人稱九紋龍，使一根青龍棍。因結交少華山的强人，被官府逼走。尋師父沒尋到，又回少華山落草，後歸梁山，征討方臘時戰死。梁山排名第二十三位，馬軍八虎騎第七員。

②【哪知王進這招是虛的，他接着將棒一横，衝史進懷裏一挑，只見史進棒也飛了，人也摔了，狼狽極了！】

分析：「一挑」可以看出，王進的武功非常高深。

zhè shí shǐ jìn cái zhī dào wáng jìn de zhēn shí shēn fèn nǎi shì jīng shī de jìn jūn jiào tóu xǐ chū wàng wài wáng jìn biàn bǎ zì jǐ de wǔ yì dōu chuán shòu gěi tā yì tiān bù yuǎn de shào huá shān shang lái le sān gè qiáng rén dào shǐ jiā cūn qiǎng jié shǐ jìn bú fèi chuī huī zhī lì jiù bǎ tā men qín zhù le tōng guò jiē chù shǐ jìn jué de zhū wǔ chén dá yáng chūn zhè sān rén yǒu qíng yǒu yì yī lái èr wǎng jiù chéng le péng you guān fǔ dé zhī sān gè qiáng rén zài shǐ jìn jiā huān qìng zhōng qiū lì kè pài dū tóu dài rén lái zhuā tā men shǐ jìn bù kěn chū mài péng you biàn jí máng shōu shi dōng xi shāo le zì jǐ de zhái zi hé sān rén yì qǐ chuǎng le chū qù tā bú yuàn luò cǎo wéi kòu biàn yǔ sān rén cí bié

這時史進才知道王進的真實身份，乃是京師的禁軍教頭，喜出望外。王進便把自己的武藝都傳授給他。一天，不遠的少華山上來了三個强人到史家村搶劫，史進不費吹灰之力[1]，就把他們擒住了。通過接觸，史進覺得朱武、陳達、楊春這三人有情有義，一來二往就成了朋友。官府得知三個强人在史進家歡慶中秋，立刻派都頭[2]帶人來抓他們。史進不肯出賣朋友，便急忙收拾東西，燒了自己的宅子，和三人一起闖了出去。他不願落草爲寇[3]，便與三人辭別。

shǐ jìn zài wèi zhōu yù dào le tí xiá lǔ dá lǔ dá tīng guo jiǔ wén lóng shǐ jìn de míng zi hěn shì gāo xìng lā zhe tā qù hē jǐ bēi tā men zhèng liáo de tòng kuài tīng dào gé

史進在渭州遇到了提轄[4]魯達[5]。魯達聽過九紋龍史進的名字，很是高興，拉着他去喝幾杯。他們正聊得痛快，聽到隔

①【不費吹灰之力】

形容事情做起來非常容易，不用花一點力氣。

②【都頭】

軍職名。宋代各軍的指揮使下設此官，是低級軍官。州縣的捕快頭目也有此稱。

③【落草爲寇】

寇，盜賊。落草爲寇指流落到山林草莽，成爲盜賊。

④【提轄】

官名。宋代州郡多設有提轄，專管統轄軍隊、訓練校閱、抓捕盜賊。

⑤【魯達】

天孤星魯達因身上有花繡，綽號花和尚。善使一根水磨禪杖和一口戒刀。爲人慷慨豪爽，粗中有細。他在二龍山與楊志、武松一起當頭領，後歸梁山。征方臘成功後，在六合寺圓寂。梁山排名第十三位，步軍頭領第一員。

壁有女子痛哭。魯達煩躁，酒保急忙來解釋。原來女子名叫金翠蓮，隨父母來投奔親戚。没想到親戚搬走了，母親病逝，花光了所有的錢，父女只得賣藝爲生。結果被綽號「鎮關西」的鄭大官人看上，要她做妾，許諾給三千貫做嫁妝。没想到三個月後把她轟了出來，非但没給錢，反而倒打一耙，説欠他三千貫。金翠蓮和父親有苦難言，忍不住痛哭。

魯達有心要救他們，便與史進湊了十五兩銀子，交給金老漢，讓他們回家鄉去。金老漢爲難地説：「客店老板被他們收買，不放我們啊！」魯達説：「我去送你們，看誰敢攔。」二人千恩萬謝地回去了。

次日天色微明，魯達就直奔金老漢住

de kè diàn diànxiǎo èr bù kěnfàng rén lǔ dá yì zhǎng dǎ de
的客店。店小二不肯放人，魯達一掌打得

diànxiǎo èr duàn le liǎng kē mén yá xià de diàn jiā bù gǎn zài
店小二斷了兩顆門牙，嚇得店家不敢再

lán lǔ dá kǒng pà diànxiǎo èr huì qù lán jié tā men suǒ xìng
攔。魯達恐怕店小二會去攔截他們，索性

zài diàn li zuò le liǎng gè shí chen shǒu zhe diàn jiā yuē mo
在店裏坐了兩個時辰，守着店家。①約莫

èr rén zǒu yuǎn le cái qǐ shēn qù zhǎo zhèn guān xī zhèn guān
二人走遠了，才起身去找鎮關西。鎮關

xī qí shí shì mài ròu de tú fū lǔ dá xiān yào tā duò shí jīn
西其實是賣肉的屠夫，魯達先要他剁十斤

shòu ròu xiàn yòu yào shí jīn féi ròu xiàn zhèng tú xīn li yǒu qì
瘦肉餡，又要十斤肥肉餡。鄭屠心裏有氣，

qiáng rěn zhe duò zhē teng le yì zǎo shang hǎo bù róng yì qiē
强忍着剁。折騰了一早上，好不容易切

hǎo le lǔ dá hái yào shí jīn cùn jīn ruǎn gǔ yě duò chéng xiàn
好了，魯達還要十斤寸金軟骨也剁成餡。

zhèng tú nù dào tí xiá mò fēi lái zhuō nòng wǒ
鄭屠怒道：「提轄莫非來捉弄我？」

①【魯達恐怕店小二會去攔截他們，索性在店裏坐了兩個時辰，守着店家。】

分析：這一細節描寫，讓人感受到魯達不但見義勇爲，慷慨相助，而且有勇有謀，周到細膩。

名師小講堂

魯提轄雖長相粗猛，但對金家來説，他簡直就是愛的化身。在人們有需要時伸出援手，這是一件極美的事！1979年諾貝爾和平獎的得主德蘭修女説過：「愛，是在別人的需要上，看見自己的責任。」

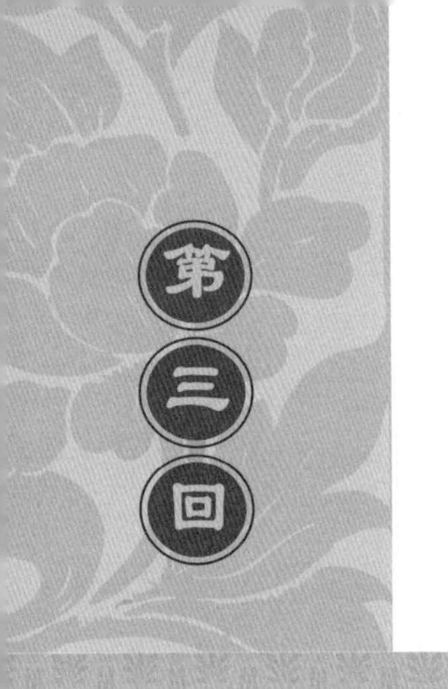

quán dǎ zhèn guān xī

拳打鎮關西

提問

lǔ dá táo dào nǎ er qù le
1. 魯達逃到哪兒去了？

lǔ dá wèi shén me yòu jiào lǔ zhì shēn
2. 魯達爲甚麼又叫魯智深？

lǔ dá shuō zhèng shì jiāng shǒu li de ròu xiàn cháo
魯達說：「正是！」將手裏的肉餡朝
zhèng tú rēng qu ròu xiàn fēi luò hǎo xiàng yì chǎng ròu xiàn
鄭屠扔去。肉餡飛落，好像一場肉餡
yǔ luò le zhèng tú yì shēn zhèng tú nǎo xiū chéng nù zhuā
雨，落了鄭屠一身。鄭屠惱羞成怒，抓
qi yì bǎ tī gǔ jiāndāo měngrán xiàng lǔ dá cì qu
起一把剔骨尖刀，猛然向魯達刺去。

lǔ dá zǎo yǒu zhǔn bèi tā yì shǎn shēn jiù shì zhuā zhù
魯達早有準備，他一閃身，就勢抓住
zhèng tú zuǒ shǒu wǎng tā dǔ zi shang yí chuài zhèng tú pū tōng
鄭屠左手，往他肚子上一踹，鄭屠撲通
shuāi zài dì shang lǔ dá tà zhù tā de xiōng kǒu mà dào nǐ
摔在地上。魯達踏住他的胸口罵道：「你
yí gè mài ròu de yě gǎn zì chēng zhèn guān xī hái qiáng
一個賣肉的，也敢自稱鎮關西，還强

搶民女！」砰的一拳，正中鄭屠的鼻子，打得他鼻子都歪了，好像開了個油醬鋪，鹹的、酸的、辣的，五味俱全。鄭屠還在嘴硬。魯達又一拳，打得他眼珠突出，頓時看見彩帛鋪，紅的、黑的、絳的，五顏六色。鄭屠痛得討饒，魯達呵斥說：「你要是和洒家①硬到底，我倒敬你是條漢子！」接着又一拳，正中太陽穴②，打得鄭屠是磬兒、鈸兒、鐃兒、鼓兒，百樂齊鳴。③魯達再要打時，發現鄭屠臉色漸漸發白，只有出的氣，沒了進的氣了，心想：不好！洒家只想教訓教訓他，哪知這家伙真不禁打！三拳就死了！他假裝說：「你這廝④裝死，洒家明天再來找你。」於是大踏步走了。回到住處，魯達急急捲了衣服銀兩，一溜煙

①【洒家】

宋元時期北方男性自稱爲「洒家」，就是「我」。

②【太陽穴】

在外眼角延長綫的上方，爲中醫的「經外奇穴」。被各家武術拳譜列爲「死穴」之一。

③【接着又一拳，正中太陽穴，打得鄭屠是磬兒、鈸兒、鐃兒、鼓兒，百樂齊鳴。】

分析：通過味道、顏色、聲音三方面的比喻描寫，非常逼真地展現出鄭屠挨打的滋味。

④【廝】

古代對男子的稱呼（宋代以來的小說中常用），多是對人不太尊重的說法。

逃走了。

鄭屠不到半日便死了。官府四處通緝魯達。魯達東奔西躲，腳快似臨陣戰馬，心急如熱鍋螞蟻。①他在代州巧遇金老漢。原來金翠蓮嫁進當地的趙員外家，已是衣食無憂。金翠蓮和趙員外見到恩人，非常歡喜，熱情相待。幾天後，抓捕的風聲緊了，趙員外問他可否願意出家？魯達別無出路，便答應了。

魯達隨趙員外去了五台山。管事的衆僧見魯達目露凶光，不像出家之人，都不願收留。智真長老焚香入定②，醒後說：「此人是天罡星下凡，雖眼下凶頑，日後必成正果，只管剃度。」於是魯達做了和尚，法號智深。

①【魯達東奔西躲，腳快似臨陣戰馬，心急如熱鍋螞蟻。】

分析：通過兩個動物的比喻，能够更加强烈地感受到魯達逃亡時胡走亂撞的情形。

②【入定】

佛教用語，指靜下心來，進入諸法真相的境界。

lǔ zhì shēn shēng xìng cū guǎng shǒu bù liǎo fó mén qīng
魯智深生性粗獷，守不了佛門清
guī lǚ cì chī jiǔ nào shì zhǎng lǎo wú nài jiāng tā tuī jiàn dào
規，屢次吃酒鬧事。長老無奈，將他推薦到
jīng shī de dà xiàng guó sì lǔ zhì shēn biàn gǎn wǎng jīng shī
京師的大相國寺。魯智深便趕往京師。

tā dào dá jīng shī hòu zhì qīng zhǎng lǎo kàn le tuī jiàn
他到達京師後，智清長老看了推薦
xìn yě jué wéi nán zhòng sēng xiǎng dào cài yuán li cháng yǒu
信，也覺爲難。衆僧想到菜園裏常有
tōu cài de wú lài ràng lǔ zhì shēn duì fu tā men zuì hé shì
偷菜的無賴，讓魯智深對付他們最合適，
yú shì pài tā kān shǒu cài yuán fù jìn de wú lài tīng shuō xīn lái
於是派他看守。菜園附近的無賴聽説新來
le sēng rén dǎ suàn gěi tā lái gè xià mǎ wēi yú shì jiǎ yì
了僧人，打算給他來個下馬威①。於是假意
dài zhe lǐ wù lái qìng hè lǔ zhì shēn zǎo yǒu fáng bèi tā yì
帶着禮物來慶賀。魯智深早有防備，他一
jiǎo yí gè bǎ wéi shǒu de liǎng gè rén quán dōu tī jin le fèn
腳一個，把爲首的兩個人全都踢進了糞
kēng xià de wú lài men fēn fēn guì dì qiú ráo
坑，嚇得無賴們紛紛跪地求饒。

①【下馬威】
原指新官到任對下屬顯示的威風，後泛指一開始就向對方顯示自己的威力。

名師小講堂

俗話説，害人之心不可有。菜園子附近的無賴們，想戲弄魯智深，没想到自己反而掉進糞坑，出了洋相。總認爲別人比自己傻，總想欺侮別人的人，遲早要吃虧的。

第四回

fā pèi cāng zhōu dào

發配滄州道

提問

lǔ zhì shēn yǔ lín chōng zěn me rèn shi de
1. 魯智深與林沖怎麼認識的？

gāo qiú wèi shén me yào shā lín chōng
2. 高俅爲甚麼要殺林沖？

cì rì zhòng wú lài mǎi le hǎo jiǔ lái péi zuì lǔ zhì shēn dà rén bú jì xiǎo rén guò jiē shòu le tā men de dào qiàn dà jiā chī hē zhōng tū rán tīng dào wū yā jiào yuán lái yuán zhōng de chuí yáng liǔ shù shang yǒu yí gè wū yā wō tā men jué de huì qì yào zhǎo tī zi chāi le wū yā wō lǔ zhì shēn shuō bú yòng tā zǒu dào shù páng fǔ shēn shuāng shǒu bào zhù shù gàn shēn xī le yì kǒu qì bǎ bèi yì tǐng jìng bǎ zhè kē dà shù lián gēn bá le chū lái zhòng rén jiàn zhè dà shù cū rú

次日，衆無賴買了好酒來賠罪。魯智深大人不記小人過①，接受了他們的道歉。大家吃喝中突然聽到烏鴉叫。原來園中的垂楊柳樹上有一個烏鴉窩，他們覺得晦氣②，要找梯子拆了烏鴉窩。魯智深說不用，他走到樹旁，俯身雙手抱住樹幹，深吸了一口氣，把背一挺，竟把這棵大樹連根拔了出來。衆人見這大樹粗如

①【大人不記小人過】大人（有度量的人）不和小人（心胸狹窄的人）一般見識，不計較他的過失。

②【晦氣】不吉利；倒霉。

shuǐ tǒng yí xià jiù bèi bá chu jīng de bài dǎo shuō shī fu
水桶，一下就被拔出，驚得拜倒說：「師父

nǎi shì zhēn luó hàn xià fán a
乃是真羅漢下凡啊！」

guò le jǐ tiān lǔ zhì shēn zài zhòng rén miàn qián shuǎ
過了幾天，魯智深在衆人面前耍

wǔ yì zhèng huān hū tīng yǒu rén hè cǎi yuán lái péi zhe qī zi
武藝正歡，忽聽有人喝彩。原來陪着妻子

lái sì miào huán yuàn de lín chōng bèi xī yǐn guo lai le zhòng rén
來寺廟還願的林沖被吸引過來了，衆人

shuō zhè shì bā shí wàn jìn jūn jiào tóu tā dōu shuō hǎo shī
說：「這是八十萬禁軍教頭。他都說好，師

fu shǐ de yí dìng hǎo lǔ zhì shēn yǔ lín chōng yì qì xiāng
父使得一定好！」①魯智深與林沖意氣相

tóu jié wéi xiōng dì lín chōng jiā de yā huan pǎo lai shuō
投，結爲兄弟。林沖家的丫鬟跑來，說

yǒu rén tiáo xì fū rén lín chōng jí máng bài bié lǔ zhì shēn
有人調戲夫人，林沖急忙拜別魯智深，

qù jiě jiù fū rén méi xiǎng dào tiáo xì qī zi de shì dǐng tóu
去解救夫人。没想到調戲妻子的是頂頭

shàng si gāo qiú de gān ér zi gāo yá nèi lín chōng hěn qì
上司高俅的乾兒子高衙内②。林沖很氣

fèn dàn shì ài zhe gāo qiú de miàn zi méi yǒu fā zuò
憤，但是礙着高俅的面子没有發作。

gāo yá nèi bù kěn bà xiū tā shǒu xià yí gè jiào fù ān
高衙内不肯罷休，他手下一個叫富安

de rén gōu jié lín chōng de hǎo yǒu lù qiān zài xiǎng fǎ qù gōu
的人勾結林沖的好友陸謙，再想法去勾

yǐn lín qī hái shi wèi suì fù ān hé lù qiān wèi tǎo hǎo gāo
引林妻，還是未遂。富安和陸謙爲討好高

①【「這是八十萬禁軍教頭。他都說好，師父使得一定好！」】

分析：通過人物語言的描寫，更突出了魯智深的武功高深。

②【衙内】

泛指官僚子弟。

yá nèi dǎ suàn shā lín chōng duó qī
衙內，打算殺林沖奪妻。

tā men pài rén jiǎ zhuāng mài zǔ shàng bǎo dāo jiào lín
他們派人假裝賣祖上寶刀，叫林
chōng mǎi xia cì rì gāo qiú pài rén qù qǐng lín chōng shuō yào
沖買下。次日，高俅派人去請林沖，說要
kàn bǎo dāo lín chōng xīng fèn de dài zhe dāo qù le gāo qiú fǔ
看寶刀。林沖興奮地帶着刀去了高俅府，
liǎng rén piàn tā zài shāng yì jūn jī dà shì de bái hǔ jié táng wài
兩人騙他在商議軍機大事的白虎節堂外
děng hòu dài lín chōng fā xiàn shí yǐ jīng wǎn le gāo qiú
等候。待林沖發現時，已經晚了。高俅
yǐ tā shàn dài bīng qì yào shā běn guān de zuì míng bǎ tā
以他「擅帶兵器，要殺本官」的罪名，把他
guān dào kāi fēng fǔ děng hòu chǔ zhǎn kāi fēng fǔ de fǔ yǐn
關到開封府等候處斬。開封府的府尹①
zhī dào lín chōng shì bèi yuān wang de kě yě bù gǎn dé zuì gāo
知道林沖是被冤枉的，可也不敢得罪高
qiú yú shì jiāng tā jǐ zhàng èr shí liǎn shang cì zì fā
俅。於是將他脊杖二十，臉上刺字，發
pèi cāng zhōu lí bié nà tiān lín chōng xiě le xiū shū gěi qī
配滄州。離別那天，林沖寫了休書給妻
zi ràng tā zài jià yǐ fáng bèi gāo yá nèi qī wǔ qī zi kū
子，讓她再嫁，以防被高衙內欺侮。妻子哭
hūn guò qu lín chōng xīn suān sǎ lèi lí bié
昏過去，林沖心酸，灑淚離別。

dǒng chāo xuē bà liǎng gè gōng chāi zǎo yǐ bèi gāo qiú pài
董超、薛霸兩個公差早已被高俅派
rén mǎi tōng yào zài lù shang jiě jué lín chōng yí lù shang ràng
人買通，要在路上解決林沖，一路上讓

①【府尹】
官名。文臣，專掌府事，指地方行政長官。

lín chōng shòu jìn le kǔ dāng shí zhèng zhí liù yuè tiān lín
林冲受盡了苦。當時正值六月天，林

chōng bèi shang de shāng bèi hàn shuǐ jìn shī huà nóng tā téng de
冲背上的傷被汗水浸濕化膿，他疼得

yuè zǒu yuè màn gōng chāi mà bù jué kǒu wǎn shang tā men tàng
愈走愈慢，公差罵不絕口。晚上他們燙

shāng le lín chōng de jiǎo cì rì yòu bī zhe lín chōng chuān xīn
傷了林冲的腳，次日又逼着林冲穿新

cǎo xié
草鞋。

xīn cǎo xié yòu yìng yòu zhā děng jìn le yí piàn shù lín
新草鞋又硬又扎，等進了一片樹林

shí lín chōng zài yě nuó bú dòng bù le zhè lǐ nǎi shì qù
時，林冲再也挪不動步了。這裏乃是去

cāng zhōu de dì yī gè xiǎn yào qù chù yě zhū lín hěn duō fā
滄州的第一個險要去處：野猪林。很多發

pèi zhī rén dōu shì zài zhè er bèi gōng chāi sòng shang le xī tiān
配之人都是在這兒被公差送上了西天。

dǒng chāo xuē bà jiāng lín chōng jǐn jǐn bǎng zài shù shang shuō
董超、薛霸將林沖緊緊綁在樹上說：

lín jiào tóu nǐ bié yuàn wǒ men shì gāo tài wèi pài lù yú
「林教頭，你別怨我們，是高太尉派陸虞

hòu ràng wǒ liǎ qǔ nǐ xìng mìng de nǐ zǎo wǎn shì yì sǐ
候①讓我倆取你性命的。你早晚是一死，

①【虞候】

軍校官職。比林沖官階要小，屬低級武官。

dào bù rú chèn zǎo liǎo jié lín chōng lèi rú yǔ xià nǎ lǐ
倒不如趁早了結。」林沖淚如雨下，哪裏

xiǎng dào mìng yùn jìng zhè bān jí zhuǎn zhí xià èr rén jǔ gùn
想到命運竟這般急轉直下！二人舉棍

pī tóu dǎ xia lai hū tīng sōng shù hòu léi míng bān yì shēng dà
劈頭打下來。忽聽松樹後雷鳴般一聲大

hè tiào chu yí gè rén tā yòng chán zhàng yí zhèn liǎng tiáo
喝，跳出一個人，他用禪杖一震，兩條

shuǐ huǒ gùn dùn shí jiù fēi le lín chōng zhēng yǎn yí kàn jìng
水火棍頓時就飛了。林沖睜眼一看，竟

shì lǔ zhì shēn zhēn shì jīng xǐ wàn fēn
是魯智深，真是驚喜萬分！②

②【林沖睜眼一看，竟是魯智深，真是驚喜萬分！】

分析：先不寫人名的方法，令讀者感同身受，與林沖一同驚喜。

名師小講堂

高俅縱容自己孩子的錯誤，不惜害死有真本事的忠臣。宋徽宗最終亡國被俘病死他鄉，就是因爲他用了很多像高俅這樣的佞臣。你喜歡這樣的人嗎？要記住人的品格比甜言蜜語、金錢禮物更重要！

xuè xǐ shān shén miào

血洗山神廟

提問

lín chōng zài cāngzhōu dāi de rú hé
1. 林沖在滄州待得如何？

lín chōng qù kān shǒu cǎo liào chǎng dào dǐ shì fú shì huò
2. 林沖去看守草料場，到底是福是禍？

lǔ zhì shēn jiāng lín chōng jiù xia lai yào shā gōng chāi
魯智深將林沖救下來，要殺公差，
bèi lín chōng lán zǔ lǔ zhì shēn réng bú fàng xīn gù le liàng
被林沖攔阻。魯智深仍不放心，雇了輛
chē qīn zì hù sòng lín chōng bàn gè yuè hòu lín jìn cāngzhōu lín
車親自護送林沖。半個月後臨近滄州，林
chōng de shāng yě yǎng hǎo le lǔ zhì shēn liú xia yín liǎng zhǐ
沖的傷也養好了。魯智深留下銀兩，指
zhe lù biān yì zhū sōng shù duì gōng chāi shuō nǐ liǎng gè ruò zài
着路邊一株松樹對公差説：「你兩個若再
shēng dǎi xīn mō mo zì jǐ de nǎo dai yǒu zhè shù yìng ma
生歹心，摸摸自己的腦袋有這樹硬嗎？」
shuō bà tā lūn qi chán zhàng jiāng sōng shù qí shuā shuā de lán
説罷，他掄起禪杖，將松樹齊刷刷地攔

yāo dǎ duàn huī xiù ér qù èr rén dāi ruò mù jī fāng zhī
腰打斷，揮袖而去。二人呆若木雞[1]，方知
tā shì dào bá chuí yáng liǔ de lǔ zhì shēn
他是倒拔垂楊柳的魯智深！

lù shang tā men tīng shuō cǐ dì yǒu gè ài jié jiāo hǎo hàn
路上他們聽説此地有個愛結交好漢
de chái jìn dà guān rén duì guò wǎng de qiú fàn hěn shì zhào
的柴進[2]大官人，對過往的囚犯很是照
gù lín chōng biàn xiān qù bài jiàn chái jìn liǎng rén yí jiàn rú
顧。林沖便先去拜見柴進，兩人一見如
gù yǒu le chái dà guān rén de yín zi hé xìn cāng zhōu fǔ
故[3]。有了柴大官人的銀子和信，滄州府
yǐn hé guǎn yíng dōu méi yǒu wéi nán lín chōng hái gěi tā ān pái
尹和管營[4]都没有爲難林沖，還給他安排
le yí gè qīng sheng huó er
了一個輕省活兒。

gāo qiú dé zhī lín chōng méi sǐ dà nù lù qiān hé fù
高俅得知林沖没死，大怒。陸謙和富
ān zì gào fèn yǒng qù bàn lǐ cǐ shì
安自告奮勇去辦理此事。

yì tiān guǎn yíng jiào lái lín chōng shuō gěi tā yí gè gèng
一天，管營叫來林沖，説給他一個更
hǎo de chāi shi qù kān shǒu dōng mén wài shí wǔ lǐ yuǎn de cǎo
好的差事，去看守東門外十五里遠的草
liào chǎng lín chōng xiè guo dì èr rì yǔ chāi bō yì tóng qián
料場。林沖謝過，第二日與差撥[5]一同前
wǎng cǎo liào chǎng cǐ shí zhèng zhí yán dōng màn tiān dà xuě
往草料場。此時正值嚴冬，漫天大雪。
lín chōng hé lǎo jūn zuò le jiāo jiē biàn ān dùn xia lai wū li
林沖和老軍做了交接，便安頓下來。屋裏

①【呆若木雞】

木雞，木頭做的雞。形容因爲害怕或驚奇而發呆發愣的樣子。

②【柴進】

天貴星柴進，綽號小旋風，爲人聰慧仗義，曾幫助過林沖、宋江、武松等人。征方臘時，他帶着燕青到方臘處做卧底，深得方臘信任。征方臘成功後，爲防奸臣陷害，辭官回滄州爲民，無疾而終。梁山排名第十位。

③【一見如故】

故：故人，老朋友。指初次見面就像老朋友一樣情投意合。

④【管營】

古代邊遠地區管理發配充軍囚犯服役的官吏。相當於現在的監獄長。

⑤【差撥】

獄卒頭目。

shēng zhe huǒ kě tā réng gǎn dào hán lěng zhè cái fā xiàn cǎo
生着火，可他仍感到寒冷，這才發現草
tīng sì miàn lòu fēng yáo yáo yù zhuì tā xiǎng jīn yè hái shi
廳四面漏風，搖搖欲墜。他想：今夜還是
qù mǎi diǎn jiǔ nuǎn huo yí xià ba yú shì zhǎo dào shì zhèn jìn
去買點酒暖和一下吧！於是找到市鎮，進
le jiǔ jiā lín chōng yào le jiǔ hé niú ròu chī dào nuǎn huo
了酒家。林沖要了酒和牛肉，吃到暖和
le jiāng shèng xia de niú ròu bāo shang tiāo zhe yì hú lu jiǔ
了，將剩下的牛肉包上，挑着一葫蘆酒，
qǐ shēn lí kāi
起身離開。

yì kāi mén fēng xuě yí xià yíng le jìn lái lín chōng huí
一開門，風雪一下迎了進來。① 林沖回
dào cǎo liào chǎng yí kàn cǎo tīng jìng yǐ bèi dà xuě yā tā yào
到草料場一看，草廳竟已被大雪壓塌。要
bú shì lín chōng qù mǎi jiǔ zěn néng duǒ guo zhè yì jié kě
不是林沖去買酒，怎能躲過這一劫？可

①【一開門，風雪一下迎了進來。】

分析：「迎」突出了風雪之猛，爲下文草廳被壓塌做了鋪墊。

這天寒地凍的，去哪兒躲避呢？他想到回來的路上有一座山神廟，尚能對付一宿，於是把門鎖好，向廟裏走去。

林沖進了廟，發現是個空廟，便搬來一塊大石頭將門頂上，坐下來喝酒吃肉。正吃得津津有味，聽到外面噼啪作響，林沖跳起身來，一看是草料場着火了。他急着要去救火，卻聽到門外有腳步聲。林沖覺得奇怪，伏門而聽。聽到有三人直奔廟來，其中一人說：「真是條妙計！」一個回答：「多虧管營、差撥兩位如此用心！待我回到京師，稟報高太尉，保你二位做大官。」另一人說：「今天林沖必死，高衙內可去了心病了！」

lín chōng tīng de nù bù kě è　tā zǎo jiù tīng chu tā
林沖聽得怒不可遏①。他早就聽出他
men de shēng yīn fēn bié shì lù qiān　fù ān hé nà ge chāi bō
們的聲音分別是陸謙、富安和那個差撥
le　tā ná qi huā qiāng chuài mén ér chū　sān rén huí tóu kàn
了。他拿起花槍，踹門而出！三人回頭看
dào lín chōng　dùn shí hún fēi pò sàn　lín chōng jǔ shǒu yì qiāng
到林沖，頓時魂飛魄散。林沖舉手一槍，
xiān xiān fān chāi bō　jiē zhe zhuī shang fù ān　yì qiāng cì
先掀翻差撥。接着追上富安，一槍刺
zhòng hòu xīn　lù qiān dà jiào　ráo mìng　lín chōng jiū zhù
中後心。陸謙大叫：「饒命！」林沖揪住
tā de yī fu　nù hè dào　chù sheng　nǐ sān fān wǔ cì hài
他的衣服，怒喝道：「畜生！你三番五次害
wǒ　nǐ ráo de wǒ mìng le ma　shuō wán jiāng tā yì qiāng cì
我，你饒得我命了嗎？」說完將他一槍刺
sǐ
死。

①【怒不可遏】

憤怒得難以抑制。形容十分憤怒。遏：止。

名師小講堂

與林沖自幼結交的陸謙，爲了自己能當官發財，竟參與了陷害林沖的全過程。爲達目的而不擇手段，這種做法是錯的。「多行不義必自斃！」他幻想着步步高升，卻是在爲自己一步步地挖掘墳墓！

nào shì mài bǎo dāo
鬧市賣寶刀

提問

yáng zhì wèi shén me yào mài bǎo dāo
1. 楊志爲甚麼要賣寶刀？
shéi xiǎng mǎi tā de bǎo dāo
2. 誰想買他的寶刀？

zǒu tóu wú lù de lín chōng zhǐ hǎo tóu bèn liáng shān pō
走投無路的林沖只好投奔梁山泊，
tú zhōng yòu yù dào qīng miàn shòu yáng zhì liǎng gè hǎo hàn
途中又遇到青面獸楊志[1]，兩個好漢
xīng xīng xiāng xī liáng shān pō de shǒu lǐng shì wáng lún sòng
惺惺相惜。梁山泊的首領是王倫、宋
wàn hé dù qiān qí zhōng dà shǒu lǐng wáng lún qì liàng xiá zhǎi
萬和杜遷。其中大首領王倫氣量狹窄，
jiàn lín chōng wǔ gōng gāo qiáng pà zì jǐ dì wèi shòu dào wēi
見林沖武功高强，怕自己地位受到威
xié bù xiǎng liú tā qí tā rén què duì lín chōng xīn zhé wáng
脅，不想留他，其他人卻對林沖心折，王
lún zhǐ hǎo miǎn qiǎng tóng yì
倫只好勉强同意。

yáng zhì què bú yuàn luò cǎo tā céng zuò guo diàn sī zhì
楊志卻不願落草，他曾做過殿司制

①【楊志】
天暗星楊志，綽號青面獸，是楊家將後代。爲人精明能幹，因粗暴蠻橫，沒有處理好與手下的矛盾，導致運送生辰綱失敗，在二龍山落草。後歸梁山，鎮守正北旱寨，在征方臘途中病故。梁山排名第十七位，是馬軍八虎騎第三員。

shǐ guān yīn yā sòng de huā shí gāng yù fēng dǎ fān le chuán
使官，因押送的花石綱[①]遇風打翻了船，

jiāo bù liǎo chāi biàn táo le rú jīn huáng shang shè zuì tā
交不了差，便逃了。如今皇上赦罪，他

zhèng dǎ suàn huí jīng guān fù yuán zhí ne
正打算回京官復原職呢！

yáng zhì dào le kāi fēng cái wù yòng jìn yě méi móu
楊志到了開封，財物用盡，也没謀

dào yì guān bàn zhí tā zhǐ hǎo jiāng zǔ chuán bǎo dāo mài diào
到一官半職。他只好將祖傳寶刀賣掉，

huàn diǎn pán chan qù bié chù ān shēn
換點盤纏[②]去別處安身。

méi zhàn duō jiǔ zhǐ jiàn zhòng rén biān táo biān hǎn lǎo
没站多久，只見衆人邊逃邊喊：「老

hǔ lái la fēn fēn duǒ le qǐ lái yáng zhì qiáo shǒu zhāng
虎來啦！」紛紛躲了起來。楊志翹首張

wàng nà mèn de shuō zhè fán huá shì zhèn nǎ er lái de lǎo
望，納悶地說：「這繁華市鎮，哪兒來的老

hǔ ne bù yí huì er zhǐ jiàn yí gè zuì dà hàn zǒu guo
虎呢？」[③]不一會兒，只見一個醉大漢走過

lai zhè rén zhǎng de zhēn shì kě pà miàn mù yī xī sì guǐ
來。這人長得真是可怕：面目依稀似鬼，

shēn liang fǎng fú shì rén hún shēn biàn tǐ dōu shēng de má má
身量仿佛是人；渾身遍體，都生得麻麻

lài lài sì yú pí yóu nǎo jí tóu jǐn zī zhe juǎn juǎn wān wān
癩癩似魚皮；由腦及頭，盡滋着卷卷彎彎

zāng luàn fà tā shì jīng shī yǒu míng de dì pǐ jiào zuò méi
髒亂髮。[④]他是京師有名的地痞，叫作没

máo lǎo hǔ niú èr tiān tiān sā pō xíng xiōng lián kāi fēng fǔ dōu
毛老虎牛二，天天撒潑行兇，連開封府都

①【花石綱】

宋代陸運、水運各項物資大都編組爲「綱」。如運馬者稱「馬綱」，運米的稱「米餉綱」。這裏指運送奇花異石。

②【盤纏】

指路費。舊時人們出行，爲了方便，就把錢幣用繩子穿起來，盤在腰間，故稱盤纏。

③【楊志翹首張望，納悶地說：「這繁華市鎮，哪兒來的老虎呢？」】

分析：衆人望風而逃，楊志卻敢駐足而望，這一對比反襯出楊志的不同常人，武功高强。

④【面目依稀似鬼，身量仿佛是人；渾身遍體，都生得麻麻癩癩似魚皮；由腦及頭，盡滋着卷卷彎彎髒亂髮。】

分析：這一段對仗工整的描寫，很形象地描繪出一個無賴醜陋的樣子。

jì dàn tā yīn cǐ rénmen yí jiàn tā jiù duǒkai
忌憚[1]他，因此人們一見他就躲開。

niú èr kàn jiàn yáng zhì de bǎo dāo biàn yào qiǎng duó
牛二看見楊志的寶刀，便要搶奪。

yáng zhì bù gěi tān xīn de niú èr wèi duó dāo yào nòng sǐ yáng zhì fǎn bèi yáng zhì yì dāo shā le yáng zhì zhǔ dòng qù yá men zì shǒu bèi cì pèi běi jīng dà míng fǔ
楊志不給，貪心的牛二爲奪刀，要弄死楊志，反被楊志一刀殺了。楊志主動去衙門自首，被刺配北京大名府[2]。

běi jīng dà míng fǔ de liáng shì jié nǎi shì dāng cháo tài shī cài jīng de nǚ xu hěn yǒu quán shì zhè rì zhòng jiàng bǐ wǔ wèi fáng dāo jiàn shāng rén biàn tí qián yòng bù bāo hǎo
北京大名府的梁世傑，乃是當朝太師[3]蔡京的女婿，很有權勢。這日衆將比武，爲防刀劍傷人，便提前用布包好，

①【忌憚】
對某些事或物有所顧忌，害怕畏懼。

②【大名府】
現爲大名縣，在河北省東南部，距北京500公里左右。在歷史上很著名。

③【太師】
官名。爲輔弼國君之臣，古三公之最尊者。

zhàn zhe shí huī bǐ shi yáng zhì guǒ rán lì hai tā yǔ jūn zhōng
蘸着石灰比試。楊志果然厲害，他與軍中

fù pái zhōu jǐn dòu le sì shí huí hé zhǐ jiàn zhōu jǐn shēn shang
副牌周謹鬥了四十回合。只見周謹身上，

hǎo xiàng dǎ fān le dòu fu bān bān diǎn diǎn yuē yǒu sān wǔ shí
好像打翻了豆腐，斑斑點點，約有三五十

chù jiē zhe liǎng rén yòu bǐ jiàn zhōu jǐn sān jiàn jiàn jiàn luò
處；①接着兩人又比箭，周謹三箭，箭箭落

kōng dì sān jiàn hái bèi yáng zhì kōng shǒu ná zhù zhōu jǐn de shī
空，第三箭還被楊志空手拿住。周謹的師

fu suǒ chāo bù fú tiào shang qu yǔ yáng zhì dòu de hān chàng
父索超②不服，跳上去與楊志鬥得酣暢

lín lí bù fēn shèng fù liáng zhōng shū dà xǐ zhòng shǎng èr
淋灕，不分勝負。梁中書大喜，重賞二

rén fēng le jūn xián
人，封了軍銜。

cài tài shī kuài guò shēng rì le liáng fū rén xiǎng dào qù
蔡太師快過生日了，梁夫人想到去

nián de shēng chén gāng bèi jié bù miǎn yōu chóu liáng zhōng shū què
年的生辰綱被劫不免憂愁，梁中書卻

zǎo yǒu jì jiào
早有計較。

①【只見周謹身上，好像打翻了豆腐，斑斑點點，約有三五十處；】

分析：這一比喻非常逼真，讓人如親眼看見周謹輸得尷尬，也反襯出楊志的武功高强。

②【索超】

天空星索超爲人性急，打仗奮不顧身，人稱急先鋒，是大名府留守司的正牌軍。宋江帶兵攻打大名府時，歸於梁山，鎮守正南旱寨。征方臘時，急追敵帥石寶，被石寶的流星錘打死。梁山排名第十九位，是馬軍八虎騎第四員。

名師小講堂

楊志爲了自衛而殺了人，但他敢作敢當，直接去自首。當你做錯事時，該怎麼辦呢？你要敢於承擔由此帶來的一切後果，像楊志一樣，做一個誠實的人，也許就會得到別人的原諒。

zhì qǔ shēng chén gāng

智取生辰綱

提問

dōu yǒu shéi xiǎng jié shēngchéngāng
1. 都有誰想劫生辰綱？

wèi shén me yáng zhì méi dǎ guo tā men ne
2. 爲甚麼楊志沒打過他們呢？

shān dōng yǒu yí gè dà rén wù jiào cháo gài tā wéi rén zhàng yì xǐ jié hǎo hàn zhè tiān liú táng gào su tā yǒu guān shēng chén gāng de shì cháo gài qǐng lai wú yòng shuō

山東有一個大人物叫晁蓋。他爲人仗義，喜結好漢。這天劉唐①告訴他有關生辰綱的事。晁蓋請來吳用，說：

zuó yè wǒ mèng jiàn běi dǒu qī xīng zhí zhuì wū liáng wú yòng shuō xiōngzhǎng zhè yí mèng fēi tóng xiǎo kě yě xǔ néng bāng máng de rén zhèng lái zì běi bian tā xiǎng dào shí jié cūn dǎ yú wéi shēng de ruǎn xiǎo èr ruǎn xiǎo wǔ hé ruǎn xiǎo qī dōu shì xiá gān yì dǎn zhī rén biàn jí máng qù qǐng

「昨夜我夢見北斗七星直墜屋樑。」吳用說：「兄長這一夢非同小可，也許能幫忙的人，正來自北邊。」他想到石碣村打魚爲生的阮小二、阮小五②和阮小七，都是俠肝義膽③之人，便急忙去請。

①【劉唐】

天異星劉唐因其鬢角有一大塊紅色胎記，綽號赤髮鬼。在梁山把守東山一關。他武功超羣，尤擅步戰，勇猛但有些莽撞，在征方臘時戰死。梁山排名第二十一位，步軍頭領第三員。

②【阮小五】

天罪星阮小五，綽號短命二郎（寓意：誰敢惹他，就要誰的命），爲人英勇，講義氣，是梁山有名的水中好漢。在梁山駐守東北水寨，後隨宋江征討方臘時戰死。梁山排名第二十九位，水軍頭領第五員。

③【俠肝義膽】

俠客的肝，義士的膽。形容見義勇爲，鋤強扶弱，打抱不平的心腸和行動。

ruǎn jiā sān rén yì zhí jìng yǎng liáng shān pō zhǐ yīn tīng
阮家三人一直敬仰梁山泊。只因聽
shuō wáng lún dù xián jí néng gù méi qù tóu bèn wú yòng
說王倫妒賢嫉能①，故沒去投奔。吳用
shuō cháo gài shì yì míng zhǔ yāo tā men gòng duó shēng chén
說晁蓋是一明主，邀他們共奪生辰
gāng ruǎn jiā sān rén fēn fēn tóng yì shuō hǎo zhè qiāng rè xuè
綱。阮家三人紛紛同意說：「好！這腔熱血
zhǐ mài gěi shí huò de
只賣給識貨的！」②

jǐn jiē zhe rù yún lóng gōng sūn shèng yě lái le qī gè
緊接着入雲龍公孫勝③也來了，七個
yīng xióng yì qì xiāng tóu wú yòng shuō jīn rì wǒ děng qǐ
英雄意氣相投。吳用說：「今日我等豈
bú zhèng yìng tiān xiàng běi dǒu qī xīng ma dà jiā yì tīng gèng
不正應天象北斗七星嗎？」大家一聽更
shì jīng xǐ biàn jié bài wéi xiōng dì wú yòng jiāng jì móu gào
是驚喜，便結拜爲兄弟。吳用將計謀告
su dà jiā zhòng rén dōu bù jīn pāi shǒu jiào hǎo
訴大家，衆人都不禁拍手叫好。④

zài shuō liáng zhōng shū tā xīn zhōng de lǐ xiǎng rén xuǎn
再說梁中書，他心中的理想人選
jiù shì yáng zhì yáng zhì jiàn yì wèi le bù yǐn qǐ qiáng rén zhù
就是楊志。楊志建議，爲了不引起强人注
yì kě yǐ bàn chéng kè shāng bǎ cái bǎo dōu zhuāng zài dàn zi
意，可以扮成客商，把財寶都裝在擔子
li ràng jūn bīng zhuāng zuò jiǎo fū tiāo zhe zǒu liáng zhōng shū lián
裏，讓軍兵裝作腳夫挑着走。梁中書連
lián diǎn tóu cì rì chén zhòng rén shàng lù yáng zhì wéi kǒng
連點頭。次日晨，衆人上路。楊志唯恐

①【妒賢嫉能】

嫉妒品德、才能比自己强的人。

②【阮家三人紛紛同意說：「好！這腔熱血只賣給識貨的！」】

分析：這句語言的描述，也爲日後的衆好漢紛紛投奔梁山做了合理的解釋。

③【公孫勝】

天閑星公孫勝，道號一清先生。因會道術，能呼風喚雨，騰雲駕霧，江湖人稱入雲龍。梁山泊副軍師，在對方使用妖術的衆多戰爭中，屢屢幫助梁山得勝。消滅王慶後，功成身退，繼續修道去了。梁山排名第四位。

④【吳用將計謀告訴大家，衆人都不禁拍手叫好。】

分析：此處留一懸念，到底是甚麼好辦法呢？吸引讀者往下看。

yè cháng mèng duō tiān tiān cuī bī tā men gǎn lù rú yǒu
夜長夢多①，天天催逼他們趕路。如有
bù yī biàn fēi dǎ jí mà
不依，便非打即罵。

①【夜長夢多】黑夜時間長，做夢次數就多；比喻時間拖延愈長，事情可能就會發生更多的不利變化。

zhè tiān tài yáng kǎo de lù dōu tàng jiǎo dào le zhōng
這天，太陽烤得路都燙腳。到了中
wǔ zhòng rén kàn dào shān gāng bēn dào shù xià yì tǎng jiù shuì
午，衆人看到山岡，奔到樹下一躺就睡，
nìng sǐ yě bù zǒu le yáng zhì zhī dào zhè huáng ní gāng shì
寧死也不走了。楊志知道這黃泥岡是
qiáng rén chū mò zhī dì bú biàn jiǔ liú kě zhè cì dà jiā huō
强人出没之地，不便久留。可這次大家豁
chu qu le jiù bú pèi hé qì de yáng zhì háo wú bàn fǎ
出去了，就不配合，氣得楊志毫無辦法。

zhèng zài zhè shí hū tīng lín zi nà biān yǒu shuō huà
正在這時，忽聽林子那邊有説話
shēng yáng zhì yì jīng lián máng qù kàn zhǐ jiàn sōng lín li lái
聲，楊志一驚，連忙去看。只見松林裏來

le qī gè tuī chē de rén zhèngzhǔn bèi xiū xi chéngliáng yí jiàn
了七個推車的人，正準備休息乘涼。一見

yáng zhì ná zhe dāo xià de tiào qi lai shuō nǐ shì shén me
楊志拿着刀，嚇得跳起來，説：「你是甚麼

rén wǒ děng shì xiǎo běn jīng yíng méi qián gěi nǐ yuán lái
人？我等是小本經營，没錢給你！」原來

shì fàn zǎo de yáng zhì fàng xia xīn bù yí huì er lái le gè
是販棗的，楊志放下心。不一會兒，來了個

mài jiǔ de hàn zi dān zhe liǎng tǒng jiǔ jūn bīng men zhèng kǒu
賣酒的漢子，擔着兩桶酒。軍兵們正口

kě nán nài kě yáng zhì dān xīn yǒu méng hàn yào bú ràng tā
渴難耐，可楊志擔心有蒙汗藥①，不讓他

men mǎi duì miàn nà huǒ fàn zǎo de tīng shuō yǒu jiǔ hē dōu
們買。對面那伙販棗的聽説有酒喝，都

còu le guò lái tán hǎo jià qián hòu qī gè rén méi yí huì er
湊了過來。談好價錢後，七個人没一會兒

jiù jiāng yì tǒng jiǔ hē wán le gāo xìng de fù le qián chèn zhe
就將一桶酒喝完了，高興地付了錢。趁着

mài jiǔ hàn shōu qián de gōng fu yí gè fàn zǎo de jiē kai lìng
賣酒漢收錢的工夫，一個販棗的揭開另

yì tǒng de tǒng gài yòu tōu chī le yì piáo nà hàn qù duó
一桶的桶蓋，又偷吃了一瓢，那漢去奪，

fàn zǎo de biàn pǎo mài jiǔ hàn qì de qù zhuī zhè shí lìng yí
販棗的便跑，賣酒漢氣得去追。這時另一

gè fàn zǎo de yě yòng piáo qù tōu jiǔ hē bèi nà hàn kàn jiàn
個販棗的也用瓢去偷酒喝，被那漢看見，

yòu pǎo hui lai pī shǒu duó huí dào hui tǒng li kǒu li tòng
又跑回來劈手奪回，倒回桶裏，口裏痛

mà
罵。

①【蒙汗藥】

麻醉藥。用曼陀羅花製成，是古代麻醉效果最强的一種，抑制人的中樞神經系統，使人昏迷。

zhòng jūn bīng kàn de xīn yǎng nán rěn fēn fēn xiàng yáng
眾軍兵看得心癢難忍，紛紛向楊

zhì qiú qíng yáng zhì jiàn fàn zǎo de chī le xǔ duō dōu méi shì
志求情。楊志見販棗的吃了許多都没事，

jiù tóng yì le zhòng jūn bīng zhēng xiān kǒng hòu qù mǎi jiǔ gěi
就同意了。眾軍兵爭先恐後去買酒，給

le yáng zhì yì piáo shèng xia de yì qiǎng ér guāng yáng zhì yě jué
了楊志一瓢，剩下的一搶而光。楊志也覺

de kǒu kě hē le bàn piáo duō
得口渴，喝了半瓢多。

qī gè fàn zǎo de kè rén lì zài sōng shù páng zhǐ zhe tā
七個販棗的客人立在松樹旁，指着他

men shuō dǎo le dǎo le yáng zhì yì xíng zhè cái gǎn dào
們說：「倒了！倒了！」楊志一行這才感到

hún shēn fā ruǎn bù jīn miàn miàn xiāng qù yí gè gè yūn
渾身發軟，不禁面面相覷①，一個個暈

le guò qù qī rén xiào hē hē de bǎ cái bǎo zhuāng shang chē
了過去。七人笑呵呵地把財寶裝上車，

chàng zhe gē tuī zǒu le
唱着歌推走了。

①【面面相覷】

覷：看。你看我，我看你，不知道如何是好。形容人們因驚懼或無可奈何而互相望着，不知該說甚麼。

名師小講堂

吳用計謀再好，如果軍兵没在黃泥岡停留，也不會上當。楊志有勇有謀，又有江湖經驗。只因他不能服眾，既嚴厲又不體諒人，導致没人肯配合他，這才使吳用有了可乘之機。

liú xián chú wáng lún
留賢除王倫

提問

yáng zhì qù nǎ er ān shēn le
1. 楊志去哪兒安身了？

zhè me dà de àn zi jīng dòng guān fǔ le ma
2. 這麼大的案子，驚動官府了嗎？

nà fàn zǎo de zhèng shì cháo gài qī rén mài jiǔ hàn
那販棗的正是晁蓋①七人，賣酒漢

bái shèng yě shì yì huǒ de kě méng hàn yào shì hé shí xià de
白勝也是一伙的。可蒙汗藥是何時下的

ne qí shí tiāo shang gāng shí hái shì hǎo jiǔ qī rén xiān
呢？②其實挑上岡時還是好酒。七人先

chī le yì tǒng liú táng jiē qi lìng yì tǒng de tǒng gài tōu chī
吃了一桶，劉唐揭起另一桶的桶蓋偷吃，

gù yì gěi yáng zhì tā men kàn piàn qǔ xìn rèn wú yòng jiāng
故意給楊志他們看，騙取信任。吳用將

méng hàn yào fàng zài lìng yì piáo li yě zhuāng zuò zhàn pián yi
蒙汗藥放在另一瓢裏，也裝作佔便宜

qù yǎo jiǔ jiù bǎ yào róng dào jiǔ li le bái shèng duó hui
去舀酒，就把藥溶到酒裏了。白勝奪回，

bǎ nà bàn piáo jiǔ yòu dào hui tǒng li yào hé jiǔ biàn jiǎo yún
把那半瓢酒又倒回桶裏，藥和酒便攪勻

①【晁蓋】

托塔天王晁蓋爲人正直有威望，被尊爲梁山第二任總寨主。因家鄉對面的村子鬧鬼，他們用青石蓋了寶塔後，鬼都跑到晁蓋家鄉來了。晁蓋大怒，將青石寶塔奪了過來，故被稱爲托塔天王。在攻打曾頭市時，被一支毒箭射中面頰而死。

②【可蒙汗藥是何時下的呢？】

分析：此處採用倒叙的手法，增强文章的生動性，避免了故事架構上的單調。

le　zhèbiàn shì wú yòng zhì móu de gāomíng zhī chù
了。這便是吳用智謀的高明之處。

yáng zhì xǐng hòu gǎn dào fēi cháng jué wàng　yīn shàng cì
楊志醒後感到非常絶望，因上次
huā shí gāng chén chuán　jiù yǒu rén huái yí tā dú tūn le　jīn
花石綱沉船，就有人懷疑他獨吞了；今
tiān yòu shì zhè lèi shì　zhēn shì tiào jin huáng hé yě xǐ bù qīng
天又是這類事，真是跳進黃河也洗不清[1]
a　tā zhǎo le gè gāo chù　zhǔn bèi tiào yá　xiǎng dào tiān wú
啊！他找了個高處，準備跳崖，想到天無
jué rén zhī lù　yòu shōu zhù le jiǎo　hòu lái tā hé lǔ zhì shēn
絶人之路[2]，又收住了腳。後來他和魯智深
bù dǎ bù xiāng shí　èr rén shā le qīng zhōu èr lóng shān shang
不打不相識。二人殺了青州二龍山上
xīn hěn shǒu là de tóu lǐng　zhàn shān wéi wáng
心狠手辣的頭領，佔山爲王。

shèng xia shí sì rén zhí dào wǎn shang cái pá qi lai　wèi
剩下十四人直到晚上才爬起來，爲
qiú zì bǎo　tā men huǎng chēng yáng zhì gōu jié qiáng dào qiǎng
求自保，他們謊稱楊志勾結强盜搶
le shēng chén gāng　liáng zhōng shū tīng le dà nù　mìng lìng jǐ
了生辰綱。梁中書聽了大怒，命令濟
zhōu lián yè zhuā bǔ fàn zǎo rén hé yáng zhì　jī bǔ shǐ hé tāo de
州連夜抓捕販棗人和楊志。緝捕使何濤的
dì di jiàn dào guo fàn zǎo rén　rèn chu shì cháo gài hé bái shèng
弟弟見到過販棗人，認出是晁蓋和白勝。
hé tāo dài rén zhuō ná cháo gài　pèng qiǎo yù dào dāng zhí de sòng
何濤帶人捉拿晁蓋，碰巧遇到當值的宋
yā sī　cǐ rén jiào sòng jiāng　zì gōng míng　yīn miàn hēi
押司[3]。此人叫宋江[4]，字公明，因面黑

①【跳進黃河也洗不清】

比喻很難擺脱干係、避免嫌疑。

②【天無絶人之路】

分析：上天不會斷絶人的出路，把人困死。比喻人雖一時處於絶境，但終歸可以找到出路。

③【押司】

宋代官衙中的吏員，衙門裏的書吏，也就是書寫文書的人員。

④【宋江】

天魁星宋江因常救人之急，扶人之困，故稱及時雨，是梁山泊衆望所歸的總寨主。爲人忠義謙虛、知人善任，使梁山泊聲名遠揚。他看重報國報君，招安後，率領梁山好漢南征北戰。征討方臘成功後，被奸臣所害。梁山排名第一位。

shēn ǎi wéi rén xiào shùn yòu chēng xiào yì hēi sān láng tā
身矮，爲人孝順，又稱孝義黑三郎。他
hěn yǒu míng wàng rén chēng tā shì néng zī rùn wàn wù de jí
很有名望，人稱他是能滋潤萬物的「及
shí yǔ
時雨」。

sòng jiāng yì tīng dà jīng zhè cháo gài kě shì fàn le mí
宋江一聽大驚，這晁蓋可是犯了彌
tiān dà zuì tā bù lòu shēng sè quàn hé tāo bié jí rán hòu
天大罪。他不露聲色，勸何濤別急，然後
jiè kǒu bàn sī shì gǎn jǐn huí dào zhù chù qí shang mǎ màn
藉口辦私事，趕緊回到住處，騎上馬慢
màn de zǒu děng chū le chéng mén jí shuǎi liǎng biān zhí bèn
慢地走，等出了城門，急甩兩鞭直奔
cháo gài jiā cháo gài jǐ rén jiàn sòng jiāng zhè bān shě mìng
晁蓋家。① 晁蓋幾人見宋江這般捨命
xiāng jiù dōu fēi cháng gǎn jī tā men mǎ shàng shōu shi dōng
相救，都非常感激。他們馬上收拾東
xi dǎ suàn tóu bèn liáng shān hé tāo qù zhuā cháo gài pū le
西，打算投奔梁山。何濤去抓晁蓋撲了
gè kōng yòu qù zhuā bǔ sān ruǎn sān ruǎn zhì yǒng shuāng quán
個空，又去抓捕三阮。三阮智勇雙全，
shuǐ xià gōng fu yòu hǎo jiāng hé tāo hé guān bīng shā de luò huā
水下功夫又好，將何濤和官兵殺得落花
liú shuǐ
流水②。

cì rì cháo gài tā men shàng le liáng shān wáng lún tīng
次日，晁蓋他們上了梁山。王倫聽
cháo gài shuō míng lái yì hòu jīng dāi le tā zhǐ shuō le xiē
晁蓋説明來意後，驚呆了。他只説了些

①【趕緊回到住處，騎上馬慢慢地走，等出了城門，急甩兩鞭直奔晁蓋家。】

分析：宋江在城裏城外步伐的變化，可見他是一個頗有心計的人。

②【落花流水】

原形容晚春景色的衰敗。後常用來比喻被打得大敗。

客套話，並未回應，林沖一臉不屑。[1]回到客房，吳用說：「這王倫心懷鬼胎，故裝猶豫，根本無意收留我們。那林沖倒是替我們不平。」次日，林沖來客房拜見。吳用見林沖喜愛衆人，估計他們可能會内訌[2]。

果然，飯後王倫叫小嘍囉捧來五錠大銀，說：「一窪之水，如何安得衆多真龍？無奈糧少房稀……」林沖大怒，

①【他只說了些客套話，並未回應，林沖一臉不屑。】

分析：王倫與林沖的不同反應，爲下文出現内訌做了鋪墊。

②【内訌】

集團内部由於爭權奪利等原因而發生的衝突或戰爭。

shuō wǒ shàng shān shí nǐ jiù shuō liáng shǎo fáng xī fēn
說：「我上山時你就說糧少房稀，分

míng jiù shì nǐ jí xián dù néng wáng lún dà mà lín chōng
明就是你嫉賢妒能！」王倫大罵，林沖

shuō nǐ zhè biǎo lǐ bù yī de rén wǒ jīn rì qǐ néng fàng
說：「你這表裏不一的人！我今日豈能放

guo nǐ wú yòng yì shǐ yǎn sè cháo gài gōng sūn shèng
過你！」吳用一使眼色，晁蓋、公孫勝

jiǎ zhuāng quàn jià sān ruǎn dǎng zhù sòng wàn dù qiān hé zhū
假裝勸架，三阮擋住宋萬、杜遷和朱

guì lín chōng yì bǎ zhuā zhù wáng lún cháo tā xīn wō jiù yì
貴。林沖一把抓住王倫，朝他心窩就一

dāo wáng lún dùn shí duàn le qì
刀，王倫頓時斷了氣。

lín chōng jiàn dù qiān děng xiàng tā guì xia gǒng shǒu shuō
林沖見杜遷等向他跪下，拱手說：

wǒ zhǐ wèi yīng xióng yì qi shí wú móu wèi zhī yì yuàn lì
「我只爲英雄義氣，實無謀位之意。願立

cháo gài gē ge wéi shǒu yú shì cháo gài dāng shang tóu lǐng
晁蓋哥哥爲首！」於是晁蓋當上頭領，

liáng shān zǒng gòng shí yī wèi hǎo hàn
梁山總共十一位好漢！

名師小講堂

楊志終於想明白了，父母的養育、自身的成長多不容易，怎能輕易死了呢！不要輕易放棄！苦難總是暫時的。楊志如果自殺了，梁山怎能湊齊一百零八條好漢呢？他又怎能再揚名呢？

第九回

jǐng yáng gāng dǎ hǔ
景陽岡打虎

提問

wǔ sōng yòng shén me wǔ qì dǎ sǐ lǎo hǔ de
武松用甚麼武器打死老虎的？

sòng jiāng yīn jié jiāo liáng shān pō ér rě shang le rén mìng guān si duǒ dào chái jìn jiā zài cǐ chù yù dào le yǎng mù tā yǐ jiǔ de wǔ sōng jǐ rì hòu wǔ sōng lí kāi chái fǔ huí xiāng dào le yáng gǔ xiàn jǐng yáng gāng tā jìn yì jiā jiǔ diàn chī wǔ fàn kě méi xiǎng dào diàn jiā shàng le sān wǎn jiǔ yǐ hòu jiù bù gěi tiān le bìng jiě shì shuō wǒ zhè jiǔ shì sān wǎn bú guò gāng yì bān hǎo hàn sān wǎn hòu jiù zuì le guò bù liǎo qián miàn de shān gāng wǔ sōng xiào dào yuán lái shì zhè

宋江因結交梁山泊而惹上了人命官司，躲到柴進家，在此處遇到了仰慕他已久的武松①。幾日後，武松離開柴府回鄉，到了陽谷縣景陽岡。他進一家酒店吃午飯，可沒想到店家上了三碗酒以後就不給添了，並解釋說：「我這酒是『三碗不過岡』，一般好漢三碗後就醉了，過不了前面的山岡。」武松笑道：「原來是這

①【武松】

天傷星武松因兩次命案爲避開官府抓捕，扮成行者的樣子，故名行者。他神武非凡，因空手打死老虎而威名大振。在征討方臘時被妖法暗算失去左臂。征方臘成功後留在六和寺出家，八十歲壽終。梁山排名第十四位，是步軍頭領第二員。

yàng wǒ chī le sān wǎn wèi hé bú zuì zài lái sān wǎn
樣，我吃了三碗，爲何不醉？再來三碗！」

jiù zhè yàng wǔ sōng qián qián hòu hòu yí gòng hē le shí wǔ wǎn jiǔ
就這樣，武松前前後後一共喝了十五碗酒。

wǔ sōng chī de jiǔ zú fàn bǎo fù le qián zhǔn bèi chū mén què bèi diàn jiā yì bǎ zhuài zhù shuō shān shang yǒu měng hǔ shāng rén yè wǎn bù néng shàng shān wǔ sōng bù yǐ wéi rán yìng shì yào zǒu
武松吃得酒足飯飽，付了錢準備出門，卻被店家一把拽住，説山上有猛虎傷人，夜晚不能上山。武松不以爲然，硬是要走。

tā dà bù liú xīng shàng le gāng kàn jiàn tiān kuài hēi le xún le kuài dà qīng shí biàn dǎ suàn tǎng xia shuì jiào tū rán yí zhèn kuáng fēng guā lai shù zhī sù sù zuò xiǎng wǔ sōng huí tóu yí kàn zhǐ jiàn cóng lín zhōng pū chu yì zhī diào jīng bái é de dà lǎo hǔ
他大步流星上了岡，看見天快黑了，尋了塊大青石，便打算躺下睡覺。突然一陣狂風刮來，樹枝簌簌作響。武松回頭一看，只見從林中撲出一隻吊睛白額的大老虎。

zhè zhī shòu zhōng zhī wáng kě zhēn bù tóng fán xiǎng yòu gāo yòu zhuàng yì shuāng xiōng hěn de yǎn jing jǐn jǐn de dīng zhe wǔ sōng wǔ sōng āi yā yì shēng jiǔ dōu huà chéng hàn le
這隻獸中之王可真不同凡響[①]，又高又壯，一雙兇狠的眼睛緊緊地盯着武松。武松哎呀一聲，酒都化成汗了。

①【不同凡響】

凡響：平凡的音樂。形容事物不平凡，很出色。

tā xùn sù fān shēn qǐ lai ná zhù shào bàng lǎo hǔ páo xiào yì
他迅速翻身起來，拿住哨棒。老虎咆哮一
shēng chòng zhe wǔ sōng jiù pū le guò lái wǔ sōng yì shǎn tiào
聲，衝着武松就撲了過來。武松一閃，跳
dào lǎo hǔ bèi hòu lǎo hǔ bǎ yāo kuà yì xiān wǔ sōng yòu mǐn
到老虎背後。老虎把腰胯一掀，武松又敏
jié de yì duǒ lǎo hǔ qì de dà hǒu yì shēng zhèn de zhěng gè
捷地一躲。老虎氣得大吼一聲，震得整個
shān gāng dōu huàng tā yòu yòng tiě gùn bān de hǔ wěi měng
山岡都晃①。牠又用鐵棍般的虎尾猛
de yì sǎo wǔ sōng hái shi zòng shēn bì kai le lǎo hǔ chī rén
地一掃，武松還是縱身避開了。老虎吃人
quán zhàng zhe zhè yì pū yì xiān yì sǎo rú jīn sān xià
全仗着這一撲，一掀，一掃，如今三下
gōng fu yòng wán xiōng jìn hé lì qi yǐ qù yí bàn
功夫用完，兇勁和力氣已去一半。

zhè shí wǔ sōng jiàn lǎo hǔ yòu zhuǎn guo shēn lai shuāng
這時武松見老虎又轉過身來，雙
shǒu lūn qi shào bàng yòng jìn píng shēng zhī lì lái dǎ hǔ tóu
手掄起哨棒，用盡平生之力來打虎頭。
zhǐ tīng de shù zhī duàn liè yuán lái dǎ de tài jí tài měng shào
只聽得樹枝斷裂，原來打得太急太猛，哨
bàng jìng dǎ zài shù zhī shang duàn le
棒竟打在樹枝上，斷了！

lǎo hǔ jiàn bèi gōng jī fēng le bān xiàng wǔ sōng pū qu
老虎見被攻擊，瘋了般向武松撲去。
wǔ sōng jí máng xiàng hòu yí yuè lǎo hǔ zhèng luò zài wǔ sōng
武松急忙向後一躍，老虎正落在武松
miàn qián tā bǎ bàn jié shào bàng yì rēng téng chu shuāng shǒu
面前。他把半截哨棒一扔，騰出雙手

①【震得整個山岡都晃】

分析：「山岡都晃」是誇張的寫法，突出了老虎的兇猛，也渲染了武松面對老虎時的危險。

měng rán zhuā zhù lǎo hǔ de dǐng huā pí lǎo hǔ jí zhe zhēng
猛然抓住老虎的頂花皮，老虎急着掙

zhá wǔ sōng què shǐ chu quán shēn lì qi jiāng tā ná zhù nǎ
扎，武松卻使出全身力氣將牠拿住，哪

kěn fàng chu bàn diǎn kuān yú tā tái qi jiǎo zhào zhe lǎo hǔ
肯放出半點寬餘？他抬起腳，照着老虎

miàn mén yǎn jing wán mìng luàn tī lǎo hǔ pīn mìng zhēng zhá
面門、眼睛玩命亂踢。老虎拼命掙扎，

lèng shì zài dì shang chǎn chu tǔ kēng lai wǔ sōng jiù shì bǎ
愣是在地上鏟出土坑來。武松就勢把

lǎo hǔ de zuǐ àn zài kēng li shēn chu yòu shǒu tí qi tiě chuí
老虎的嘴按在坑裏，伸出右手，提起鐵錘

bān de quán tou quán lì chòng zhe lǎo hǔ nǎo dai zú zú dǎ le
般的拳頭，全力衝着老虎腦袋足足打了

liù qī shí quán zhí dào lǎo hǔ de qī qiào dōu bèng chu xiān xuè
六七十拳。直到老虎的七竅都迸出鮮血，

zài yě bú dòng le wǔ sōng cái fàng le shǒu tā dān xīn lǎo hǔ
再也不動了，武松才放了手。他擔心老虎
méi sǐ yòu yòng shào bàng dǎ le bàn tiān zhōng yú sōng xia xīn
没死，又用哨棒打了半天，終於鬆下心
lai
來。

dào le bái tiān zhěng gè yáng gǔ xiàn de bǎi xìng dé zhī yǒu
到了白天，整個陽谷縣的百姓得知有
rén tú shǒu dǎ sǐ lǎo hǔ dōu jīng qí bù yǐ fēn fēn pǎo dào
人徒手打死老虎，都驚奇不已，紛紛跑到
xiàn yá qù kàn dǎ hǔ yīng xióng de xióng fēng zhī xiàn shǎng
縣衙去看打虎英雄的雄風。① 知縣賞
gěi wǔ sōng yì qiān guàn wǔ sōng què bǎ shǎng qián fēn gěi yīn wèi
給武松一千貫，武松卻把賞錢分給因爲
lǎo hǔ chī jìn kǔ tou de zhòng liè hù zhī xiàn jiàn tā wǔ gōng
老虎吃盡苦頭的衆獵户。知縣見他武功
hǎo rén yě hǎo lì tā zuò le dū tóu yòu guò le jǐ tiān yí
好人也好，立他做了都頭。又過了幾天，一
rì wǔ sōng cóng yá men chū lai tīng jiàn bèi hòu yǒu rén jiào
日武松從衙門出來，聽見背後有人叫：
wǔ dū tóu nǐ rú jīn fēi huáng téng dá le jiù wàng le
「武都頭，你如今飛黄騰達②了，就忘了
wǒ le ma
我了嗎？」

①【到了白天，整個陽谷縣的百姓得知有人徒手打死老虎，都驚奇不已，紛紛跑到縣衙去看打虎英雄的雄風。】

分析：這一句話又一次强調了武松没有借助武器打虎的厲害。

②【飛黄騰達】

飛黄，傳説中馬的名字。騰達：上升，引申爲發迹，宦途得意。形容駿馬奔騰飛馳，比喻驟然得志，官職升得很快。

名師小講堂

武松輕看錢財，把自己打虎挣來的錢慷慨地分給大家，由此得到了知縣的賞識。有時這世界很奇怪，愈不愛財的人，愈不缺錢；愈貪婪的人，愈不够花。

第十回

dāng zhòng bào xiōng chóu
當衆報兄仇

提問

wǔ sōng de gē ge shì zěn me sǐ de
1. 武松的哥哥是怎麼死的？
wǔ sōng wèi shén me zì jǐ bào chóu
2. 武松爲甚麼自己報仇？

wǔ sōng huí tóu yí kàn yuán lái shì tā zhāo sī mù xiǎng de gē ge zhuǎn shēn jiù bài wǔ sōng tīng shuō gē ge yǐ jīng qǔ qī bìng qiě bān dào zhè ge xiàn lái zhù biàn gāo xìng de suí zhe tā huí le jiā wǔ dà láng yǔ wǔ sōng suī rán shì yì mǔ tóng bāo dàn shì zhǎng xiàng què xiāng chà shí wàn bā qiān lǐ wǔ sōng shēn cháng bā chǐ yí biǎo táng táng tā què shēn gāo bù mǎn wǔ chǐ miàn mù chǒu lòu huí le jiā wǔ dà láng jiāng zì jǐ de qī zi pān jīn lián jiè shào gěi wǔ sōng méi xiǎng dào pān jīn

武松回頭一看，原來是他朝思暮想的哥哥！轉身就拜。武松聽說哥哥已經娶妻，並且搬到這個縣來住，便高興地隨着他回了家。武大郎與武松雖然是一母同胞，但是長相卻相差十萬八千里：武松身長八尺，儀表堂堂；他卻身高不滿五尺，面目醜陋。回了家，武大郎將自己的妻子潘金蓮介紹給武松，没想到潘金

liánquèzhǎng de rú huā sì yù
蓮卻長得如花似玉。

yì tiān zhī xiàn ān pái wǔ sōng qù jīng chéng kāi fēng fǔ
一天，知縣安排武松去京城開封府

bàn diǎn shì wǔ sōng lǐng le rèn wu hòu qián wǎng gē ge jiā
辦點事。武松領了任務後，前往哥哥家

gào cí yīn wèi zhè yí tàng chū qu bàn shì shí jiān cháng tā zhī
告辭。因爲這一趟出去辦事時間長，他知

dào sǎo sao shuǐ xìng yáng huā pà gē ge bèi rén qī wǔ tè
道嫂嫂水性楊花①，怕哥哥被人欺侮，特

yì tí xǐng sǎo sao yào ān fèn shǒu jǐ
意提醒嫂嫂要安分守己。

wǔ sōng yì zǒu liǎng gè yuè zhēn rú tā suǒ dān xīn de
武松一走兩個月，真如他所擔心的，

fā shēng le tài duō de shì huí lai shí yǐ shì chūn tiān yí
發生了太多的事。回來時已是春天，一

piàn shēng jī bó bó dàn tā zǒng jué de xīn li chén zhòng bù
片生機勃勃，但他總覺得心裏沉重，不

tā shi huí dào yáng gǔ xiàn jiàn le zhī xiàn jiāo le chāi
踏實。② 回到陽谷縣見了知縣，交了差，

tā jí máng fǎn huí gē ge jiā què yí jìn mén jiù kàn jiàn le
他急忙返回哥哥家。卻一進門就看見了

zhuō shang gòng zhe de bīng lěng líng pái shang xiě zhe wáng fū wǔ
桌上供着的冰冷靈牌上寫着「亡夫武

dà láng zhī wèi wǔ sōng dùn shí jīng dāi le jiào le shēng sǎo
大郎之位」。武松頓時驚呆了，叫了聲嫂

sao sǎo sao wén shēng xià lai kū zhe shuō wǔ dà láng shì hài
嫂，嫂嫂聞聲下來，哭着説，武大郎是害

xīn tòng bìng sǐ de wǔ sōng zhī dào gē ge yí xiàng shēn tǐ jiàn
心痛病死的。武松知道哥哥一向身體健

①【水性楊花】

像流水那樣易變，像楊花那樣輕飄。比喻婦女在感情上不專一。

②【回來時已是春天，一片生機勃勃，但他總覺得心裏沉重，不踏實。】

分析：風景的描述，與武松心裏的沉重形成明顯反差，也爲下文武松懷疑哥哥的死，埋下伏筆。

kāng bù jīn huái yí àn àn lì zhì yào chá gè míng bai
康，不禁懷疑，暗暗立志要查個明白。

cì rì yì zǎo tā xiān qù zhǎo yàn shī de hé jiǔ shū
次日一早，他先去找驗屍的何九叔，
liǎng rén yì tóng dào xiàng kǒu jiǔ diàn li zuò xia dǎ le xiē jiǔ
兩人一同到巷口酒店裏坐下，打了些酒。
wǔ sōng zhǐ shì chī jiǔ bìng bù kāi kǒu hé jiǔ shū zhēn shì jué de
武松只是吃酒並不開口，何九叔真是覺得
rú zuò zhēn zhān jiǔ yǐ shù bēi zhǐ jiàn wǔ sōng jiē qi yī
如坐針氈[①]。酒已數杯，只見武松揭起衣
shang sōu de ná chu jiān dāo lai chā zài zhuō zi shang shàng jiǔ
裳，嗖地拿出尖刀來，插在桌子上，上酒
de rén dōu jīng de dāi le zài kàn hé jiǔ shū miàn sè fā qīng
的人都驚得呆了。再看何九叔面色發青，
bù gǎn chū qì wǔ sōng luō qi xiù zi wò zhe jiān dāo zhǐ
不敢出氣。武松捋起袖子，握着尖刀，指
zhe hé jiǔ shū shuō nǐ bú yòng hài pà zhǐ guǎn shí huà shí
着何九叔説：「你不用害怕，只管實話實
shuō gào su wǒ wǔ dà láng sǐ yīn biàn méi nǐ de shì tǎng
説，告訴我武大郎死因，便没你的事！倘
ruò yǒu bàn jù piān chā wǒ zhè dāo lì kè zài nǐ shēn shang tiān
若有半句偏差，我這刀立刻在你身上添
sān sì bǎi gè tòu míng kū long
三四百個透明窟窿！」

yuán lái wǔ sōng zǒu hòu pān jīn lián bèi dāng dì quán guì
原來武松走後，潘金蓮被當地權貴
xī mén qìng mí shang le wáng pó zhī dào xī mén qìng zài cǐ dì
西門慶迷上了。王婆知道西門慶在此地
yǒu quán yǒu shì biàn cóng zhōng qiān xiàn ràng pān jīn lián hé xī
有權有勢，便從中牽線，讓潘金蓮和西

①【如坐針氈】
像坐在插着針的氈子上。形容心神不定，坐立不安。

mén qìng hǎo shang le　bèi wǔ dà láng fā xiàn hòu　tā men yī
門慶好上了。被武大郎發現後，他們一

bú zuò　èr bù xiū　yòng yào dú sǐ le wǔ dà láng　hé jiǔ shū
不做，二不休，用藥毒死了武大郎。何九叔

shì yàn shī de　yí kàn jiù zhī dào wǔ dà láng bú shì bìng sǐ de
是驗屍的，一看就知道武大郎不是病死的，

nǎi shì zhòng dú shēn wáng
乃是中毒身亡。

wǔ sōng tīng de xuè wǎng shang zhuàng　zhí yǒng shang tóu
武松聽得血往上撞，直湧上頭，

tā qiáng yā nù huǒ dài zhe hé jiǔ shū děng zhī qíng rén qù bào guān
他强壓怒火帶着何九叔等知情人去報官。

nǎ zhī xī mén qìng zǎo yǐ yòng qián dǎ tōng le xiàn yá　méi rén
哪知西門慶早已用錢打通了縣衙，没人

yuàn yì guǎn zhè shì wǔ sōng fèn rán lí kāi
願意管這事。武松憤然離開。

cì rì wǔ sōng bǎ lín jū dōu jiào lai bìng ràng huì xiě
次日，武松把鄰居都叫來，並讓會寫

zì de lín jū lái xiě gè zì jù dà jiā kàn jiàn wǔ sōng hǔ zhe
字的鄰居來寫個字據。大家看見武松虎着

liǎn dōu gǎn dào xīn jīng ròu tiào wǔ sōng měng rán zhuā qi pān
臉，都感到心驚肉跳。武松猛然抓起潘

jīn lián yòu yòng dāo duì zhe wáng pó xià de èr rén quán dōu
金蓮，又用刀對着王婆，嚇得二人全都

zhāo le wǔ sōng tīng de bēi fèn jiāo jiā xiàng líng wèi guì xia
招了，武松聽得悲憤交加，向靈位跪下

shuō gē ge xiōng di zhè jiù wèi nǐ bào chóu xuě hèn suí
說：「哥哥，兄弟這就爲你報仇雪恨！」隨

jí yì dāo jiāng pān jīn lián shā le wǔ sōng yòu zhí bèn xī mén
即一刀將潘金蓮殺了。武松又直奔西門

qìng de zhù chù shā le xī mén qìng
慶的住處殺了西門慶。

名師小講堂

潘金蓮的不守婦道，王婆的極度貪婪，西門慶的胡作非爲……鑄成大錯，都是從一個微小的錯誤想法開始的。當心裏出現壞想法時，要快快消滅掉，不能讓它戰勝自己，否則早晚要付出代價。

zuì dǎ jiǎng mén shén

醉打蔣門神

提問

wǔ sōng dào le mèng zhōu fā shēng le shén me xīn xiān shì

1. 武松到了孟州，發生了甚麼新鮮事？

tā wèi shén me yào dǎ jiǎng mén shén

2. 他爲甚麼要打蔣門神？

wǔ sōng bào le xiōng chóu biàn qù xiàn yá zì shǒu zhī xiàn zì zhī lǐ kuī péi shang le wǔ sōng zhè tiáo hǎo hàn biàn yǒu xīn bǎo tā yú shì yǐ wù shāng rén mìng bào le shàng qù zuì hòu pàn le wáng pó sǐ zuì jiāng wǔ sōng cì pèi mèng zhōu

武松報了兄仇，便去縣衙自首。知縣自知理虧，賠上了武松這條好漢，便有心保他，於是以「誤傷人命」報了上去。最後判了王婆死罪，將武松刺配孟州。

yí lù shang liǎng wèi gōng chāi jìng zhòng wǔ sōng duì tā duō yǒu zhào gù zhè tiān wǔ sōng sān rén lái dào shí zì pō wù

一路上兩位公差敬重武松，對他多有照顧。這天武松三人來到十字坡，誤

rù hēi diàn　què yǔ　yǐ kāi diàn jiǎn jìng　wéi shēng de zhāng
入黑店，卻與以開店剪徑①爲生的張

qīng　sūn èr niáng　fū fù bù dǎ bù xiāng shí　lín xíng
青②、孫二娘③夫婦不打不相識。臨行

qián　wǔ sōng yǔ zhāngqīng jié bài wéixiōng dì
前，武松與張青結拜爲兄弟。

dào le mèng zhōu láo yíng　shí jǐ gè qiú tú lái kàn wǔ
到了孟州牢營，十幾個囚徒來看武

sōng　gào su tā zhè lǐ de guǎn yíng hé chāi bō rèn qián bú rèn
松，告訴他這裏的管營和差撥認錢不認

rén　xīn hěn shǒu là　wǔ sōng bù yǐ wéi rán　yí huì er guǎn
人，心狠手辣，武松不以爲然。一會兒管

yíng chuán huàn wǔ sōng　jiàn tā lěng dàn de biǎo qíng　biàn yào dǎ
營傳喚武松，見他冷淡的表情，便要打

tā yì bǎi shā wēi bàng　zhè shí yí gè hún shēn bēng dài de nián qīng
他一百殺威棒。這時一個渾身繃帶的年輕

rén duì guǎn yíng shuō le jǐ jù huà　guǎn yíng biàn fàng wǔ sōng huí
人對管營說了幾句話，管營便放武松回

qu le　zhòng qiú tú jiàn tā zhè yàng huí lai　jué de hěn qí guài
去了。衆囚徒見他這樣回來，覺得很奇怪。

kě shì gèng guài de shì hái zài hòu miàn ne　zhōng wǔ yǒu rén sòng
可是更怪的事還在後面呢！中午有人送

fàn　yǒu yú yǒu ròu　wǎn shang bú dàn yǒu rén sòng fàn　hái yǒu
飯，有魚有肉；晚上不但有人送飯，還有

rén cì hou tā xǐ zǎo　wǔ sōng mǎn fù yí huò　bù zhī tā men
人伺候他洗澡，武松滿腹疑惑，不知他們

yào zěn yàng hài tā　cì rì yǒu rén cì hou tā shū tóu xǐ liǎn　yòu
要怎樣害他。次日有人伺候他梳頭洗臉，又

gěi tā huàn le gān jìng de wū zi zhù　yì lián shù rì　tiān tiān
給他換了乾淨的屋子住。一連數日，天天

①【剪徑】

攔路搶劫。

②【張青】

地刑星張青原是當地在光明寺裏種菜的，故稱菜園子。後因糾紛殺了僧人，燒了寺廟。跟一個老人學了打劫的本事，又娶了老人的女兒孫二娘，便一起在十字坡開起黑店。上梁山後，主管西山酒店。征方臘時戰死。梁山排名第一百零二位。

③【孫二娘】

地壯星孫二娘綽號母夜叉，使一對柳葉雙刀。爲人講義氣，兇悍潑辣，後與丈夫張青上二龍山投奔武松，三山聚義時，同歸梁山。在征討方臘時被杜微的飛刀所殺。梁山排名第一百零三位。

shū shu fú fú dùn dùn yǒu jiǔ yǒu ròu zhēn bù zhī dào tā
舒舒服服、頓頓有酒有肉。① 真不知道他
men hú lu li mài de shén me yào wǔ sōng zài yě rěn nài bú zhù
們葫蘆裏賣的甚麼藥，武松再也忍耐不住，
fēi yào wèn chū gè jiū jìng
非要問出個究竟。

yuán lái nà tiān wèi tā qiú qíng de nián qīng rén jiào jīn yǎn
原來那天爲他求情的年輕人叫金眼
biāo shī ēn shì guǎn yíng de ér zi tā zài mèng zhōu fán
彪施恩②，是管營的兒子。他在孟州繁
huá dì jiè yí gè jiào kuài huó lín de dì fang kāi le yí gè jiǔ
華地界、一個叫快活林的地方，開了一個酒
diàn shēng yì hěn hóng huo bú liào yí gè chuò háo jiǎng mén shén
店，生意很紅火。不料一個綽號蔣門神
de rén zhàng zhe guān fǔ chēng yāo wǔ gōng yòu hǎo duó le shī
的人仗着官府撐腰，武功又好，奪了施
ēn de diàn hái bǎ tā dǎ de liǎng gè yuè qǐ bu de chuáng qì
恩的店，還把他打得兩個月起不得牀。氣
de shī ēn yàn bú xià zhè kǒu qì yīn jiǔ wén wǔ sōng dà míng
得施恩嚥不下這口氣，因久聞武松大名，
xiǎng qǐng wǔ sōng bāng máng méi wèn tí wǔ sōng shuō wǒ
想請武松幫忙。「没問題！」武松說：「我
píng shēng jiù dǎ tiān xià shì qiáng líng ruò de yìng hàn yào shi
平生就打天下恃强凌弱③的硬漢。要是
quán tou zhòng le dǎ sǐ le tā wǒ zì jǐ cháng mìng
拳頭重了打死了他，我自己償命。」④

zhè tiān wǔ sōng gù yì hē le hěn duō jiǔ hé shī ēn
這天，武松故意喝了很多酒，和施恩
qián wǎng kuài huó lín kuài dào jiǔ diàn shí wǔ sōng ràng shī ēn
前往快活林。快到酒店時，武松讓施恩

①【一連數日，天天舒舒服服、頓頓有酒有肉。】

分析：兩句排比，更加生動地描寫出武松在牢獄的特別待遇。

②【施恩】

地伏星施恩，外號金眼彪。爲人講義氣，武松被冤入牢後，他三番五次去看望，又拿銀子上下打點。後來上二龍山投奔了武松。三山聚義時，同歸梁山。在征討方臘攻打常熟時，因不會游泳，落水而死。梁山排名第八十五位。

③【恃强凌弱】

恃：依仗；凌：欺凌。依仗强大，欺侮弱小。

④【「没問題！」武松說：「我平生就打天下恃强凌弱的硬漢。要是拳頭重了打死了他，我自己償命。」】

分析：語言的描述非常重要，由此看出武松喜愛打抱不平、爲人仗義，又考慮周到，敢於擔當的鮮明個性。

cáng qi lai zì jǐ qián wǎng tā jìn le jiǔ diàn chèn zhe jiǔ
藏起來，自己前往。他進了酒店，趁着酒

jìn gù yì zhǎo chá er jiǎng mén shén tīng shuō yǒu rén gǎn zài tài
勁故意找碴兒。蔣門神聽説有人敢在太

suì tóu shang dòng tǔ qì de tī fān le téng yǐ zhí bèn diàn
歲頭上動土①，氣得踢翻了藤椅，直奔店

lái zài diàn wài kuò lù shang yù dào wǔ sōng zhǐ jiàn wǔ sōng
來，在店外闊路上遇到武松。只見武松

shēn chu liǎng gè quán tou xū huǎng yí xià hū de zhuǎn shēn biàn
伸出兩個拳頭虛晃一下，忽地轉身便

zǒu jiǎng mén shén dà nù pū shang lai bèi wǔ sōng fēi jiǎo
走。蔣門神大怒，撲上來，被武松飛腳

yì tī zhèng zhòng tā xiǎo fù jiǎng mén shén téng de wǔ zhe dǔ
一踢，正中他小腹，蔣門神疼得捂着肚

zi dūn dào dì shang wǔ sōng yì zhuǎn shēn yòu jiǎo chòng zhe jiǎng
子蹲到地上。武松一轉身，右腳衝着蔣

①【太歲頭上動土】比喻觸犯那些超出自己能力之外的人和事。

mén shén de qián é tī qu tā biàn wǎng hòu shuāi qu wǔ
門神的前額踢去，他便往後摔去。武

sōng yì jiǎo tà zhù tā xiōng pú jǔ qi quán tou cháo zhe tā liǎn
松一腳踏住他胸脯，舉起拳頭朝着他臉

shang fǎng fú xià bīng báo yí yàng měng zá zhè yí xì liè dòng
上，仿佛下冰雹一樣猛砸。這一系列動

zuò nǎi wǔ sōng píng shēng de zhēn cái shí xué shì yǒu míng
作，乃武松平生的真才實學，是有名

de yù huán bù yuān yāng tuǐ dǎ de jiǎng mén shén bú zhù
的「玉環步，鴛鴦腿」，打得蔣門神不住

de qiú ráo wǔ sōng lì shēng shuō ruò yào wǒ ráo nǐ xìng mìng
地求饒。武松厲聲說：「若要我饒你性命，

zhǐ yào yī wǒ sān jiàn shì jiǎng mén shén āi shēng jiào hǎo hàn
只要依我三件事。」蔣門神哀聲叫：「好漢

ráo wǒ bié shuō sān jiàn jiù shì sān bǎi jiàn wǒ yě dōu tóng
饒我！別說三件，就是三百件，我也都同

yì
意！」

名師小講堂

不要仗着自己比別人厲害，或者認識甚麼人物，就欺侮別人、蠻不講理。因爲强中自有强中手，早晚有一天，就像蔣門神一樣，落個當街被打、羞愧難當的下場。

血濺鴛鴦樓

提問

1. 武松被誰陷害入獄的？
2. 武松發現真相後是甚麼反應？

武松命蔣門神將店鋪還給施恩，並向施恩賠禮，然後從此離開孟州。蔣門神灰溜溜照做。施恩重新收了店鋪，生意比以前更好，非常感激武松。

一個多月後，孟州守御兵馬的張都監①招武松做了親隨，加以重用，引得官員豪紳爲見張都監，紛紛給武松送禮。武松對金錢看得淡，買了個柳藤箱子，把收到

①【都監】

官名，即「監軍」。宋代指掌管本城地方軍的屯駐、訓練、軍器和差役等事務的官。

de jīn yín lǐ wù dōu suǒ zài lǐ miàn zhuǎn yǎn zhōng qiū jiā jié lái lín
的金銀禮物都鎖在裏面。轉眼中秋佳節來臨，

zhāng dū jiān shè jiā yàn jìng yāo wǔ sōng cān jiā hái yào bǎ xīn ài
張都監設家宴，竟邀武松參加，還要把心愛

de yā huan xǔ pèi gěi wǔ sōng wǔ sōng shòu chǒng ruò jīng lián
的丫鬟許配給武松，武松受寵若驚①，連

máng tuī cí huí qu hòu tā zhǔn bèi shuì shí tū rán tīng jiàn yǒu rén
忙推辭。回去後他準備睡時，突然聽見有人

hǎn yǒu zéi tā yí yuè ér qǐ tí zhe shào bàng cuān chu qu
喊「有賊！」他一躍而起，提着哨棒躥出去。

dào le hòu huā yuán méi xiǎng dào hēi àn zhōng piē chu yì tiáo bǎn dèng
到了後花園，沒想到黑暗中撇出一條板凳，

bǎ tā bàn dǎo zài dì qī bā gè jūn hàn bèng chu lai dà jiào
把他絆倒在地。七八個軍漢蹦出來，大叫：

zhuō zhù le sān xià liǎng xià jiù bǎ wǔ sōng bǎng le wǔ sōng jí
「捉住了！」三下兩下就把武松綁了。武松急

máng shuō shì wǒ nà xiē jūn hàn gēn běn bù lǐ
忙說：「是我！」那些軍漢根本不理。

wǔ sōng bèi dài dào zhāng dū jiān miàn qián zhèng yào jiě shì
武松被帶到張都監面前，正要解釋，

méi xiǎng dào zhāng dū jiān yì fǎn cháng tài biàn le yì zhāng liǎn
沒想到張都監一反常態，變了一張臉，

chòng tā pò kǒu dà mà zhè shí yǒu rén cóng wǔ sōng wū li bǎ dà
衝他破口大罵。這時有人從武松屋裏把大

liǔ téng xiāng bān lai dǎ kāi yí kàn wǔ sōng gèng shì bǎi kǒu mò
柳藤箱搬來，打開一看，武松更是百口莫

biàn zhāng dū jiān bǎ tā gào dào yá men xià dào láo li shī ēn hé
辯。張都監把他告到衙門，下到牢裏。施恩和

fù qīn tīng shuō cǐ shì gǎn jǐn yòng qián bǎo tā bìng lái sòng fàn
父親聽說此事，趕緊用錢保他，並來送飯

①【受寵若驚】
因爲意外得到寵愛而感到驚喜。

cài wǔsōng suī hú li hú tú de rù le yù xīn li quèmíngbai
菜。武松雖糊裏糊塗地入了獄，心裏卻明白：

bì dìng shì zhāng dū jiān nà sī shè quān tào xiàn hài wǒ wǒ ruò
必定是張都監那廝，設圈套陷害我。我若

nénghuózhechū qu dìngyàonòng gè míngbai
能活着出去，定要弄個明白！①

guǒrán cóngtóudàowěidōu shì jiǎngménshén hé zhāng dū jiān
果然，從頭到尾都是蔣門神和張都監

shè de jì bù jiǔ wǔsōngbèi jǐ zhàng èr shí cì pèi ēn zhōu
設的計。不久武松被脊杖二十，刺配恩州　。

shī ēn qián lái sòngxíng wǔ sōngjiàn tā yòu shì yì shēnbēng dài
施恩前來送行，武松見他又是一身繃帶，

lì kè jiù míngbai le lù shang tā fā xiànyǒuliǎng gè ná pō dāo
立刻就明白了。路上他發現有兩個拿朴刀

de rén yì zhígēnzhe tā men hái hé yā sòng tā de gōngchāi jǐ méi
的人一直跟着他們，還和押送他的公差擠眉

①【武松雖糊裏糊塗地入了獄，心裏卻明白：必定是張都監那廝，設圈套陷害我。我若能活着出去，定要弄個明白！】

分析：這裏的心理活動的描寫，合乎人物性格，也爲故事的發展提供了線索。

nòngyǎn wǔ sōng àn àn lěngxiào zhuāngzuò bù zhī dào le yí gè
弄眼。武松暗暗冷笑，裝作不知。到了一個
jiào fēi yún pǔ de yú tángbiān wǔ sōngjiàn rén yān xī shǎo bǎ qī
叫飛雲浦的魚塘邊，武松見人煙稀少，把七
jīn bàn de tiě yè pán tóu jiā yì niǔ bó zi shang de jiā lì kè liè
斤半的鐵葉盤頭枷一扭，脖子上的枷立刻裂
kai sì rén dōu jīng le jí máng táo mìng wǔ sōng nǎ róng tā
開。四人都驚了，急忙逃命，武松哪容他
men táo pǎo qiǎngguo yì bǎ pō dāo yí xià jiù jié guǒ le sān rén
們逃跑，搶過一把朴刀，一下就結果了三人。
wǔ sōngzhuāzhù zuì hòu yí gè wèn tā shuō shéi pài nǐ lái de
武松抓住最後一個問他：「説！誰派你來的？」
yuán lái zhēn shì jiǎngménshén pài lái de yào zài lù shangshā le wǔ
原來真是蔣門神派來的，要在路上殺了武
sōng wǔ sōngtīng de nù bù kě è shǒu qǐ dāo luò jiāngzhè rén shā
松。武松聽得怒不可遏，手起刀落，將這人殺
sǐ zhí bènzhāng dū jiān fǔ
死，直奔張都監府。

cǐ shí tiān yǐ qī hēi zài zhāng dōu jiān jiā de yuān yāng lóu
此時天已漆黑，在張都監家的鴛鴦樓
shangzhāngdū jiān jiǎngménshén děng rén biān chī biān hā hā dà xiào
上，張都監、蔣門神等人邊吃邊哈哈大笑，
dài zhe yīn móu dé chěng de xǐ yuè zhǐ tīng pēng de yì shēng wǔ
帶着陰謀得逞的喜悦。只聽砰的一聲，武
sōng lì zài yǎn qián jǐ rén bù zhī wǔ sōng shì rén shì guǐ dùn shí
松立在眼前。幾人不知武松是人是鬼，頓時
xià de hún fēi pò sàn wǔ sōng shā le zhāng dū jiān quán jiā hé jiǎng
嚇得魂飛魄散。武松殺了張都監全家和蔣
mén shén yí gòng shí wǔ tiáo rén mìng yòu yòng bù zhàn zhe xuè jì
門神，一共十五條人命，又用布蘸着血迹，

zài xuě bái de qiáng bì shang xiě xia shā rén zhě dǎ hǔ wǔ sōng
在雪白的牆壁上寫下：「殺人者，打虎武松

yě zhè cái lí kāi zhāng jiā
也。」① 這才離開張家。

chū le chéng wǔ sōng dùn jué jīn pí lì jìn zài jiā shang
出了城，武松頓覺筋疲力盡，再加上

bàng shāng fā zuò tā zhǎo dào yí zuò xiǎo gǔ miào tǎng xia biàn
棒傷發作，他找到一座小古廟，躺下便

shuì què bèi cáng zài àn chù de sì gè dà hàn bǎng le tuō dào yì
睡，卻被藏在暗處的四個大漢綁了，拖到一

jiān wū li
間屋裏。

①【又用布蘸着血迹，在雪白的牆壁上寫下：「殺人者，打虎武松也。」】

分析：這句話的描述，刻畫出武松敢作敢當的鮮明個性。

名師小講堂

武松被陷害入獄，幸虧施恩幫忙。在關鍵時刻出手的才是真朋友。誰都願意交這樣的朋友，那就讓自己先成爲武松、施恩這樣的人！因爲物以類聚，人以羣分，所以你一定會吸引這樣的人成爲你的好朋友了。

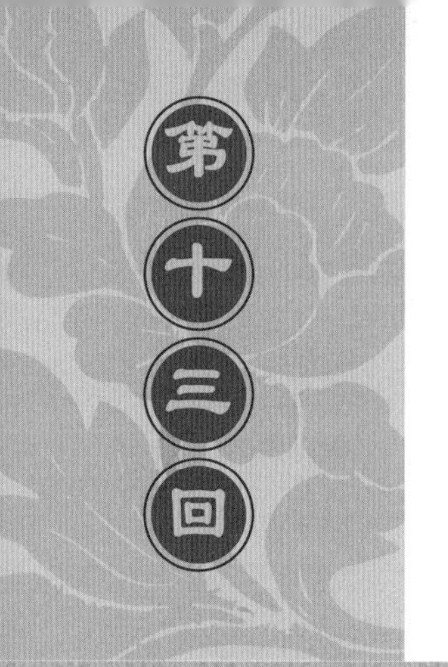

落難清風寨

提問
1. 宋江在清風山上遭遇了甚麼事？
2. 花榮爲何與文知寨結仇？

真是「無巧不成書①」，這裏竟是張青開的另一個作坊！暫住幾天後武松怕連累他們，執意要走，張青二人建議他去二龍山投奔魯智深。聰明的孫二娘將他扮成行者②的樣子。他經過白龍山時，竟巧遇宋江，原來宋江要去青州找花榮③，路過此地。兩人住了幾日後依依惜別。武松上了二龍山，不在話下。

①【無巧不成書】
比喻事情十分湊巧。

②【行者】
指出家而未經過剃度的佛門弟子。

③【花榮】
天英星花榮善騎烈馬，能開硬弓，箭法精準，又稱小李廣。南征北戰中屢立奇功，回京封官加爵。爲人正直、重情重義。他和吳用得知宋江、李逵的死訊，痛恨奸臣當道，一起在宋江墓前自縊。梁山排名第九位，馬軍八虎騎第一員。

sòng jiāng zài lù shang què bèi qīng fēng shān de lóu luo
宋江在路上卻被清風山的嘍囉
zhuā le qù qīng fēng shān shang yǒu sān gè hǎo hàn fēn bié shì
抓了去。清風山上有三個好漢，分別是
yān shùn wáng yīng hé zhèng tiān shòu sòng jiāng mìng xuán yí
燕順①、王英和鄭天壽。宋江命懸一
xiàn bù jīn tàn dào kě xī sòng jiāng sǐ zài zhè lǐ
線②，不禁嘆道：「可惜宋江死在這裏！」
yān shùn tīng jiàn sòng jiāng èr zì dà chī yì jīng jí máng
燕順聽見「宋江」二字，大吃一驚，急忙
xì wèn guǒ rán shì jí shí yǔ sòng jiāng sān wèi hǎo hàn dōu
細問，果然是及時雨宋江！三位好漢都
cóng yǐ zi shang tiào qi lai gǎn jǐn gěi sòng jiāng sōng bǎng
從椅子上跳起來，趕緊給宋江鬆綁，
nà tóu biàn bài
納頭便拜。③

sān wèi hǎo hàn liú sòng jiāng zhù le jǐ tiān sòng jiāng yǔ
三位好漢留宋江住了幾天，宋江與
tā men bù shě ér bié sòng jiāng dào le huā róng fǔ jūn hàn
他們不捨而別。宋江到了花榮府，軍漢
jìn qu tōng bào le bù yí huì er zǒu chu yí gè shào nián
進去通報了。不一會兒，走出一個少年
jūn guān tuō zhù sòng jiāng biàn bài zhǐ jiàn huā róng jiàn méi xīng
軍官拖住宋江便拜。只見花榮劍眉星
mù yīng jùn wēi wǔ ér qiě tā wǔ gōng liǎo dé yóu shàn shè
目，英俊威武。而且他武功了得，尤擅射
jiàn rén chēng xiǎo lǐ guǎng huā róng rè qíng de zhāo dài
箭，人稱小李廣④。花榮熱情地招待
sòng jiāng yàn xí shang sòng jiāng shuō qi zài qīng fēng shān shí
宋江。宴席上，宋江說起在清風山時

①【燕順】

地强星燕順因赤髮黃鬚，臂長腰闊，人稱錦毛虎。原是羊馬販子，後來生意賠了本，他便在清風山做起了打家劫舍的勾當。征討方臘時在烏龍嶺，被石寶的流星錘打死。梁山排名第五十位。

②【命懸一線】

處境危險，隨時可能喪失生命。

③【三位好漢都從椅子上跳起來，趕緊給宋江鬆綁，納頭便拜。】

分析：通過對三位好漢一連串的動作描寫，烘託出宋江的大名非常響亮。

④【李廣】

中國西漢時期名將，射得一手好箭。匈奴人稱他爲飛將軍，數年不敢侵犯中原。

céng jiù le yí gè fù rén shì liú gāo de qī zi huā róng què
曾救了一個婦人，是劉高的妻子。花榮卻

shuō gē ge bù gāi jiù tā yuán lái liú gāo shì gè tān guān
説：「哥哥不該救她。」原來劉高是個貪官，

tā de qī zi gèng shì bài huài suō shǐ liú gāo gàn jìn huài shì
他的妻子更是敗壞，唆使劉高幹盡壞事。

yuán xiāo jié huā róng fèng mìng xún shì tā de jiā dīng
元宵節，花榮奉命巡視，他的家丁

péi zhe sòng jiāng qù kàn huā dēng jié guǒ zài rén qún zhōng liú gāo
陪着宋江去看花燈。結果在人羣中，劉高

de qī zi rèn chu sòng jiāng liú gāo tīng shuō shì qīng fēng shān de
的妻子認出宋江，劉高聽説是清風山的

zéi tóu lì kè bǎ tā zhuā le nà fù rén yì gǎi dàng rì de
賊頭，立刻把他抓了。那婦人一改當日的

róu ruò ràng liú gāo bǎ sòng jiāng dǎ de pí kāi ròu zhàn
柔弱，讓劉高把宋江打得皮開肉綻。

huā róng dé dào xiāo xi　xiān lǐ hòu bīng　tā jiàn liú
花榮得到消息，先禮後兵①，他見劉
gāo bú fàng rén　jí máng dài rén qù jiù sòng jiāng　liú gāo tīng
高不放人，急忙帶人去救宋江。劉高聽
shuō huā róng lái shì xiōng xiōng　xià de cáng le qǐ lái　dàn tā
説花榮來勢洶洶，嚇得藏了起來。但他
kě yàn bú xià zhè kǒu qì　tā mìng èr bǎi rén zài qù huā róng fǔ
可嚥不下這口氣，他命二百人再去花榮府
bǎ sòng jiāng duó huí lai　èr bǎi rén lái dào huā róng fǔ　jiàn
把宋江奪回來。二百人來到花榮府，見
dà mén bù guān　dōu xià de bù gǎn jìn qu　ái dào tiān sè jiàn
大門不關，都嚇得不敢進去。挨到天色漸
liàng　cái dǒu zhe dǎn zi jìn qu　zhǐ jiàn huā róng zuò zài tīng
亮，才抖着膽子進去。②只見花榮坐在廳
li　shǒu chí gōng jiàn　tā zài zhòng rén miàn qián lián shè liǎng
裏，手持弓箭。他在眾人面前連射兩
jiàn　jiàn wú xū fā　suí hòu yòu shuō dì sān jiàn yào shè jiào tóu
箭，箭無虛發。隨後又説第三箭要射教頭
xīn wō　xià de jiào tóu dài zhe zhòng rén yí hòng ér sàn
心窩，嚇得教頭帶着眾人一鬨而散。

sòng jiāng dǎ suàn qù qīng fēng shān duǒ duo　miǎn de liú
宋江打算去清風山躲躲，免得劉
gāo wéi nán huā róng　zhǐ shì liǎng rén dōu méi liào dào liú gāo lǎo jiān
高爲難花榮。只是兩人都没料到劉高老奸
jù huá　tā cāi xiǎng sòng jiāng kě néng huì huí qīng fēng shān　tí
巨猾，他猜想宋江可能會回清風山，提
qián zài lù shang ān pái le rén shǒu　tōu tōu bǎ sòng jiāng jié zhù
前在路上安排了人手，偷偷把宋江截住
zhuā le huí qù　tā yòu lián yè gěi zhī fǔ xiě xìn　wū xiàn huā
抓了回去。他又連夜給知府寫信，誣陷花

①【先禮後兵】
禮：禮貌；兵：武力。先按通常的禮節同對方交涉，如果不行，再用武力或其他强硬手段解決。

②【二百人來到花榮府，見大門不關，都嚇得不敢進去。挨到天色漸亮，才抖着膽子進去。】
分析：通過對旁人表現的描述，襯託出花榮的威武厲害。

róng hǎo jiāng tā yì wǎng dǎ jìn dú zhàn qīng fēng zhài qīng
榮，好將他一網打盡，獨佔清風寨。青

zhōu zhī fǔ tīng shuō huā róng gōu jié shān zéi bó rán dà nù
州知府聽説花榮勾結山賊，勃然大怒，

lì kè pài chu bīng mǎ dū jiān huáng xìn qù zhuō ná huā róng
立刻派出兵馬都監黃信去捉拿花榮。

huáng xìn jiǎ yì qǐng huā róng qián lái fù yàn huā róng bù
黃信假意請花榮前來赴宴。花榮不

zhī shì jì méi yǒu shè fáng zài fù yàn shí bèi bǎng le huā
知是計，没有設防，在赴宴時被綁了。花

róng bù fú shuō nǐ men shuō wǒ yǔ qiáng dào tóng huǒ bèi
榮不服，説：「你們説我與强盜同伙，背

pàn cháo tíng zǒng děi yǒu zhèng jù ba huáng xìn mìng rén bǎ
叛朝廷，總得有證據吧！」黃信命人把

sòng jiāng dài shang lai huā róng kàn jiàn sòng jiāng liǎng rén dōu
宋江帶上來。花榮看見宋江，兩人都

shǎ le yǎn
傻了眼。

名師小講堂

宋江没想到自己的聲望能救命！他平時爲人謙遜、樂於助人、待人大方，所以不論到哪兒，都能受到大家的尊敬。要學習宋江對人的態度，雖然當時看上去是吃虧了，但到關鍵時刻絶對不吃虧。

qū jiě pī lì huǒ

曲解霹靂火

提問

qín míng wèi shén me shū de nà me cǎn
1. 秦明為甚麼輸得那麼慘？

zhī fǔ wèi shén me huì wù huì qín míng
2. 知府為甚麼會誤會秦明？

huáng xìn mìng rén bǎ huā róng hé sòng jiāng liǎng rén yā shang qiú chē hé liú gāo yì qǐ zhí bèn qīng zhōu fǔ jīng guò qīng fēng shān shí zǎo dé le xiāo xi de yān shùn sān wèi hǎo hàn dài rén lái jiù sòng jiāng huáng xìn bù dí qí mǎ pǎo le liú gāo què bèi huā róng yì dāo shā sǐ

黃信命人把花榮和宋江兩人押上囚車，和劉高一起直奔青州府。經過清風山時，早得了消息的燕順三位好漢帶人來救宋江。黃信不敵，騎馬跑了。劉高卻被花榮一刀殺死。

huáng xìn gǎn jǐn huí qu bān jiù bīng qīng zhōu zhī fǔ pài chu bīng mǎ tǒng zhì qín míng qín míng shàn shǐ yì tiáo láng yá bàng yǒu wàn fū bù dāng zhī yǒng rén chēng pī lì huǒ tā

黃信趕緊回去搬救兵。青州知府派出兵馬統制①秦明②。秦明善使一條狼牙棒，有萬夫不當之勇，人稱霹靂火。他

①【兵馬統制】

官名。凡遇戰事，在各將領中選拔一人，管理兵馬。

②【秦明】

天猛星秦明世代軍官出身，綽號霹靂火。他善使一條狼牙棒，勇往直前，氣勢兇猛，是《水滸傳》中數一數二的大將，曾與衆多高手較量過。在抵達方臘老巢時，因急躲暗器被方傑一戟打死於馬下。梁山排名第七位，馬軍五虎將第三員。

tīng shuō huā róng fǎn le fēi cháng shēng qì lián yè diǎn qí
聽說花榮反了，非常生氣，連夜點齊

bīng mǎ zhí qǔ qīng fēng shān
兵馬直取清風山。

huā róng dǎ suàn zhì dòu qín míng dà jiā tīng le tā de jì
花榮打算智鬥秦明，大家聽了他的計

móu dōu pāi shǒu jiào jué fēn tóu qù zhǔn bèi huā róng dài rén
謀，都拍手叫絕，分頭去準備。花榮帶人

lái yíng qín míng qín míng jiàn le huā róng dà mà tā bèi pàn cháo
來迎秦明。秦明見了花榮，大罵他背叛朝

tíng huā róng jiě shì shuō yǒu wù huì qín míng bù tīng lūn qi
廷。花榮解釋說有誤會，秦明不聽，掄起

láng yá bàng zhí bèn huā róng liǎng yuán dà jiàng dòu le sì wǔ shí
狼牙棒，直奔花榮。兩員大將鬥了四五十

huí hé bù fēn shèng fù huā róng bìng bú liàn zhàn tā mài
回合，不分勝負。花榮並不戀戰，他賣

gè pò zhàn pāi mǎ biàn zǒu qín míng dà nù ér zhuī huā róng
個破綻，拍馬便走，秦明大怒而追。花榮

dā gōng shè jiàn huí shēn yí jiàn jiù shè zhòng qín míng tóu kuī
搭弓射箭，回身一箭就射中秦明頭盔

shang de hóng yīng qín míng dùn chī yì jīng bù gǎn zài zhuī
上的紅纓。秦明頓吃一驚，不敢再追。

zhè shí tīng jiàn dōng bian yǒu luó gǔ xiǎng qín míng jí máng
這時聽見東邊有鑼鼓響，秦明急忙

dài rén qù yíng gǎn dào dōng bian lián gè rén yǐng yě méi kàn
帶人去迎，趕到東邊，連個人影也沒看

jiàn yòu tīng xī bian luó gǔ xiǎng tā yòu wǎng xī bian pǎo jiù
見；又聽西邊鑼鼓響，他又往西邊跑，就

zhè yàng pǎo lái pǎo qù de zhē teng le yí xià wǔ lián gè rén yǐng
這樣跑來跑去地折騰了一下午，連個人影

dōu méi jiàn zháo qín míng nù qì chōng tiān hèn bu de bǎ shān
都沒見着。秦明怒氣衝天，恨不得把山

tà píng
踏平！①

tā jiàn tiān yǐ jiàn hēi xīn lǐ qǐ jí mìng rén xún shàng
他見天已漸黑，心裏起急，命人尋上

shān de lù hǎo róng yì cóng dōng nán jiǎo shàng zhì bàn shān
山的路。好容易從東南角上至半山

yāo tū rán lín nèi de luàn jiàn shè lai sǐ le bù shǎo jūn bīng
腰，突然林內的亂箭射來，死了不少軍兵，

zhòng rén gǎn jǐn hòu tuì qín míng zhē teng yí xià wǔ le dān
眾人趕緊後退。秦明折騰一下午了，擔

xīn bīng mǎ láo dùn biàn mìng rén xiū xi zuò fàn nǎ zhī chèn zhe
心兵馬勞頓，便命人休息做飯。哪知趁着

tiān hēi yǒu xiǎo lóu luo hùn rù qín míng duì wu yǐn de bú zhàn
天黑，有小嘍囉混入秦明隊伍，引得不戰

zì luàn bù yí huì er shān shang huǒ pào huǒ jiàn xiōng měng de
自亂。不一會兒，山上火炮火箭兇猛地

fā shè xia lai yòu yǒu àn jiàn cóng hēi àn zhōng shè lai zhòng
發射下來，又有暗箭從黑暗中射來。眾

jūn bīng xià de xīn jīng dǎn zhàn huāng bù zé lù jiàn shān nà biān
軍兵嚇得心驚膽戰，慌不擇路，見山那邊

yǒu gè shēn kēng fēn fēn qù duǒ méi xiǎng dào cóng shàng miàn
有個深坑，紛紛去躲。沒想到從上面

fān téng chu shì bù kě dāng de dà shuǐ jiāng tā men yān sǐ le
翻騰出勢不可當的大水，將他們淹死了。

shǎo shù pá shang àn de yě dōu bèi xiǎo lóu luo yòng náo gōu huó
少數爬上岸的，也都被小嘍囉用撓鈎活

zhuō le qù qín míng zhè cái zhī dào nà shēn kēng shì shuǐ dào
捉了去。秦明這才知道那深坑是水道，

①【秦明怒氣衝天，恨不得把山踏平！】

分析：這裏的心理描寫，更刻畫出他急躁的性情。

dìng shì zéi kòu shì xiān yòng tǔ dài jié zhù le shuǐ yuán dài tā de
定是賊寇事先用土袋截住了水源，待他的
bīng mǎ dōu jìn le kēng yòu bān diào tǔ dài fàng shuǐ tā jiàn zì
兵馬都進了坑，又搬掉土袋放水。他見自
jǐ de bīng mǎ jiù zhè yàng dōu méi le nù bù kě è de dà hǒu
己的兵馬就這樣都没了，怒不可遏地大吼
yì shēng yóu rú yì tóu bèi jī nù de shī zi chōng shang shān yào
一聲，猶如一頭被激怒的獅子衝上山要
pīn mìng shéi zhī méi zǒu duō yuǎn pū tōng yì shēng lián rén dài mǎ
拼命。誰知没走多遠，撲通一聲連人帶馬
diào jin le xiàn jǐng bèi huó zhuō le
掉進了陷阱，被活捉了。

dào le shān shang qín míng jiàn dào jiǔ wén dà míng de sòng
到了山上，秦明見到久聞大名的宋
jiāng cái zhī dào yǒu xiǎo rén zuò gěng zhòng rén quàn tā luò cǎo
江，才知道有小人作梗。衆人勸他落草，
fǒu zé huí qu méi fǎ jiāo dài dàn tā nìng sǐ bù kěn zhòng rén
否則回去没法交代，但他寧死不肯。衆人
wú nài zhǐ hǎo jiāng tā guàn zuì yòu zhǎo rén chuān shang tā
無奈，只好將他灌醉，又找人穿上他
de yī fu qí zhe tā de mǎ huí dào qīng zhōu dà kāi shā jiè
的衣服，騎着他的馬回到青州大開殺戒[1]。
yǐn qǐ zhī fǔ wù huì dà mà tā shì bù rén bú yì de fǎn zéi
引起知府誤會，大罵他是不仁不義的反賊，
hái shā le tā de qī zi qín míng zǒu tóu wú lù běn xiǎng
還殺了他的妻子。秦明走投無路[2]，本想
yǐ sǐ míng zhì sòng jiāng wǔ rén xiàng tā yì qǐ guì xia qín
以死明志，宋江五人向他一起跪下。秦
míng jiàn tā men qíng yì shēn hòu zhè cái suí le tā men cì
明見他們情誼深厚，這才隨了他們。次

①【大開殺戒】進一步增大殺人的數量和範圍。

②【走投無路】投：投奔。無路可走，已到絕境。比喻處境極困難，找不到出路。

日，他與衆人下山勸説黄信落草，殺了劉高一家，帶回花榮的家眷。

名師小講堂

所謂木桶效應，是説一隻木桶能裝多少水，並不取決於最長的那塊木板，而是取決於最短的。秦明的短板就是急躁，花榮抓住了他的弱點，任他武功再好也全軍覆没。因此要積極改正缺點和短處。

jiē yáng lǐng yù xiǎn

揭陽嶺遇險

提問

zhòng rén shàng liáng shān shùn lì ma
1. 衆人上梁山順利嗎？

sòng jiāng wèi hé méi shàng liáng shān
2. 宋江爲何没上梁山？

bù jiǔ cháo tíng dà jūn lái jiǎo qīng fēng shān kàn lái shì bù néng dāi le sòng jiāng jiàn yì dà jiā qù liáng shān pō zhòng rén xiǎng dào sòng jiāng duì liáng shān pō yǒu ēn bì néng shōu liú dōu gāo xìng de qù shōu shi xíng li sān bǎi duō rén fēn chéng sān duì mào chōng guān bīng hào hào dàng dàng de xià le shān

不久，朝廷大軍來剿。清風山看來是不能待了，宋江建議大家去梁山泊。衆人想到宋江對梁山泊有恩，必能收留，都高興地去收拾行李。三百多人分成三隊，冒充官兵浩浩蕩蕩地下了山。

tú jīng duì yǐng shān zhòng rén jiàn liǎng gè zhuàng shì yí gè hóng yī hóng mǎ yí gè bái yī bái mǎ gè zhí fāng tiān huà jǐ

途經對影山，衆人見兩個壯士一個紅衣紅馬，一個白衣白馬各執方天畫戟①

①【方天畫戟】

古代兵器，是頂端「井」字形的長戟。它對使用者的要求極高。此兵器使用者有項羽、呂布等人。

dǎ de huǒ rè bèi hòu gè yǒu xiǎo lóu luo yáo qí nà hǎn dǎ
打得火熱。背後各有小嘍囉搖旗吶喊。打

zhe dǎ zhe yīn dòu de tài jí liǎng rén fāng tiān huà jǐ de suì
着打着，因鬥得太急，兩人方天畫戟的穗

zi chán zài yì qǐ fēn bù kāi le huā róng jiàn zhuàng qǔ jiàn
子纏在一起，分不開了。花榮見狀，取箭

dā gōng sōu de yí jiàn qià hǎo bǎ suì zi chán de zuì jǐn de
搭弓，嗖的一箭，恰好把穗子纏得最緊的

dì fang shè duàn zhòng rén qí shēng hè cǎi zhè liǎng rén jiào
地方射斷。衆人齊聲喝彩！① 這兩人叫

lǚ fāng hé guō shèng tā men yě jiā rù le qù liáng shān de
呂方②和郭盛③。他們也加入了去梁山的

duì wu liǎng rì hòu zài yí gè guān dào páng de jiǔ jiā chī fàn
隊伍。兩日後，在一個官道旁的酒家吃飯

shí sòng jiāng yù dào yí gè gěi tā sòng jiā shū de rén cǐ rén
時，宋江遇到一個給他送家書的人，此人

jiào shí yǒng zhè xìn bú kàn hái hǎo yí kàn xià yí tiào yuán lái
叫石勇。這信不看還好，一看嚇一跳，原來

tā de dì di sòng qīng shuō fù qīn yǐ jīng shēn wáng liǎng gè yuè
他的弟弟宋清説父親已經身亡兩個月

le sòng jiāng dùn jué qíng tiān pī lì yì bān kū de hūn mí
了！宋江頓覺晴天霹靂一般，哭得昏迷。

tā guī xīn sì jiàn yí dìng yào mǎ shàng huí jiā qu zhòng rén wú
他歸心似箭，一定要馬上回家去。衆人無

nài zhǐ hǎo yóu tā qù sòng jiāng gěi zhòng rén xiě hǎo tuī jiàn
奈，只好由他去。宋江給衆人寫好推薦

xìn fēi shì de lí kāi le
信，飛似的離開了。

yǒu le tuī jiàn xìn zhòng rén shùn lì zài liáng shān pō ān
有了推薦信，衆人順利在梁山泊安

①【花榮見狀，取箭搭弓，嗖的一箭，恰好把穗子纏得最緊的地方射斷。衆人齊聲喝彩！】

分析：這一細節的敍述，更突出花榮的箭術真是天下無雙。

②【呂方】

地佐星呂方，三國裏的呂布官至温侯，人尊稱呂温侯。呂方綽號小温侯，即小呂布的意思。他佔了對影山後，郭盛聽到他們常打家劫舍，特來向他挑戰，後經宋江調解和好，一起上了梁山。征討方臘時戰死。梁山排名第五十四位。

③【郭盛】

地佑星郭盛，綽號賽仁貴，意思是賽過唐初名將薛仁貴。和呂方都使用方天畫戟。在梁山，與呂方同爲中軍護衛隊的馬軍驍將。梁山排名第五十五位。

頓下來。再說宋江，其實他的父親沒死，只是擔心他落草變成山賊，因聽說皇上已將大罪都減刑了，就趕緊將宋江騙了回來。宋江又去縣衙自首，被判刺配江州牢城。臨行前，宋太公又讓宋江答應絕不落草。

果然，梁山好漢得知宋江要被發配的消息，紛紛來救。宋江謝過衆人，將父親的心意陳明，寧死不上梁山。衆人見他這麼堅決只好作罷。吳用交給宋江一份書信，說江州的兩院押牢[1]節級戴宗[2]，正是自己的莫逆之交[3]，可以有個照應。宋江感激地和衆人告別了。

半個月後，到了揭陽嶺，公差歡喜地說：「過了這揭陽嶺，就是潯陽江[4]，江那

①【押牢】

官名，獄吏，類似於監獄長。

②【戴宗】

天速星戴宗有日行八百里的道術，綽號神行太保。爲人機警忠心，負責傳遞信息情報。征方臘成功後，他被封兗州府都統制，後來夢見崔府君，辭官到山東的泰山岳廟陪堂，大笑而終，成爲泰山岳廟的山神。梁山排名第二十位。

③【莫逆之交】

莫，沒有；逆，抵觸。指非常要好或情投意合的朋友。

④【潯陽江】

九江古稱潯陽，在江西省北部。

biān jiù shì jiāng zhōu le nǎ xiǎng dào kuài dào mù dì dì le
邊就是江州了！」哪想到快到目的地了，

què pèng shang hēi diàn diàn jiā jiàn tā men bāo fu chén zhòng biàn
卻碰上黑店。店家見他們包袱沉重，便

xià le méng hàn yào jiāng tā men tái dào hòu miàn dǎ suàn yí huì
下了蒙汗藥，將他們抬到後面打算一會

er kāi bāo zhè shí yǒu sān gè rén bēn shang lǐng diàn jiā yí jiàn
兒開剝。這時有三個人奔上嶺，店家一見

huāng máng yíng jiē wéi shǒu de jiào lǐ jùn yīn yǒu yì shēn
慌忙迎接。爲首的叫李俊①，因有一身

shuǐ shang hǎo gōng fu néng chōng bō yuè làng chuò hào hùn jiāng
水上好功夫，能沖波越浪，綽號混江

lóng lǐ jùn tí dào tā men dé le xiāo xi jí shí yǔ sòng
龍。李俊提到他們得了消息，及時雨宋

gōng míng chī le guān si bèi fā pèi dào jiāng zhōu diàn jiā
公明吃了官司，被發配到江州。② 店家

dà chī yì jīng shuō wǒ gāng má fān le yí gè qiú fàn hé liǎng
大吃一驚，説：「我剛麻翻了一個囚犯和兩

gè gōng chāi mò fēi shì tā men
個公差，莫非是他們?!」

①【李俊】

天壽星李俊，水軍總頭領，綽號混江龍。他英勇忠義，在征方臘攻打蘇州時認識了太湖四傑，被勸遠離官場。他還是隨宋江征討方臘直到得勝，盡了兄弟情義後，才與童威、童猛和太湖四傑一起出海去暹羅國（泰國）。梁山排名第二十六位。

②【李俊提到他們得了消息，及時雨宋公明吃了官司，被發配到江州。】

分析：李俊的消息如此靈通，襯託出這人本事很大，結交甚廣。

名師小講堂

宋江聽説家父去世大哭。作爲孩子，父母在的時候不覺得甚麼，等有一天父母離世，才懷念父母的疼愛和管教，不禁追悔莫及。願我們珍惜和父母在一起的日子。

zhòng bài sòng gōng míng
眾拜宋公明

提問

sòngjiāng qù jiāngzhōu yù dào le shén me zāi huò
1. 宋江去江州遇到了甚麼災禍？

tā shì zěn me bèi jiù de ne
2. 他是怎麼被救的呢？

lǐ jùn pà rèn cuò ná chu gōng chāi huái li de yā sòng
李俊怕認錯，拿出公差懷裏的押送

gōng wén yí kàn zhēn shì sòng jiāng sòng jiāng mí mi hú hú xǐng
公文一看，真是宋江。宋江迷迷糊糊醒

lai zhǐ jiàn miàn qián guì zhe sì wèi hǎo hàn xià le yí tiào
來，只見面前跪着四位好漢，嚇了一跳。

lǐ jùn jiè shào dào diàn jiā jiào cuī mìng pàn guān lǐ lì tā
李俊介紹道，店家叫催命判官李立；他

hé tóng wēi tóng měng liǎng xiōng dì zài yáng zǐ jiāng shang chēng
和童威、童猛兩兄弟在揚子江上撐

chuán zuò mǎi mai sì rén rè qíng zhāo dài le sòng jiāng quàn tā
船做買賣。四人熱情招待了宋江，勸他

bié qù zuò láo shòu kǔ sòng jiāng yīn yǒu fù mìng jiān chí qián
別去坐牢受苦，宋江因有父命，堅持前

wǎng
往。

dào le jiē yáng zhèn sòng jiāng wú yì zhōng dé zuì le dāng
到了揭陽鎮，宋江無意中得罪了當
dì yí bà mù jiā xiōng dì jié guǒ bú dàn jiē yáng zhèn shang
地一霸穆家兄弟。結果不但揭陽鎮上，
gè gè jiǔ diàn bù gǎn gěi sòng jiāng tā men fàn chī yě méi yǒu
個個酒店不敢給宋江他們飯吃，也没有
kè diàn gǎn ràng tā men liú sù dào le bàn yè sòng jiāng
客店敢讓他們留宿。① 到了半夜，宋江
sān rén yòu è yòu kùn hái bèi mù jiā xiōng dì zhuī shā tā men
三人又餓又困，還被穆家兄弟追殺，他們
zhǐ hǎo pīn mìng de táo yì zhí táo dào xún yáng jiāng biān
只好拼命地逃，一直逃到潯陽江邊。

sòng jiāng jiàn qián wú qù lù hòu yǒu zhuī bīng huāng de
宋江見前無去路，後有追兵，慌得
bù zhī suǒ cuò bù jīn jiào kǔ yǎn kàn huǒ bǎ bī jìn sān
不知所措，不禁叫苦。眼看火把逼近，三
rén méi mìng de wǎng lú wěi li zuān hái hǎo jiàn dào yì zhī chuán
人没命地往蘆葦裏鑽，還好見到一隻船。
sòng jiāng yāng qiú chuán jiā xiāng jiù chuán jiā tóng yì le mù
宋江央求船家相救，船家同意了。穆
jiā zhuī dào àn biān xiàng zhe chuán jiā dà hǒu kuài huí lai nà
家追到岸邊，向着船家大吼：「快回來！那
jǐ rén shì wǒ men yào de chuán jiā lěng xiào shuō wǒ shì
幾人是我們要的！」船家冷笑説：「我是
nǐ zhāng yé ye àn shang lì kè huǎn hé le shuō yuán
你張爺爺。」岸上立刻緩和了，説：「原
lái shì zhāng dà gē nǐ xiān yáo guo lai zán men shuō jǐ jù
來是張大哥，你先搖過來，咱們説幾句
huà chuán jiā bù tīng àn shang yòu péi zhe shuō hǎo huà
話。」② 船家不聽，岸上又陪着説好話，

①【結果不但揭陽鎮上，個個酒店不敢給宋江他們飯吃，也没有客店敢讓他們留宿。】

分析：此處的描寫，足見在揭陽鎮，穆家勢力何等的龐大和霸道。

②【岸上立刻緩和了，説：「原來是張大哥，你先搖過來，咱們説幾句話。」】

分析：通過岸上人態度的變化，可以感受到强中更有强中手，這個艄公也不是一般人，不禁讓讀者更加好奇。

tā shuō zhè sān rén wǒ shì yào dìng le sòng jiāng zhè cái cháng
他說：「這三人我是要定了。」宋江這才長
chū yì kǒu qì
出一口氣。

huá dào jiāng xīn chuán jiā biàn biàn le liǎn sè xiōng hěn
划到江心，船家便變了臉色，凶狠
de shuō nǐ men yí gè shì gāi sǐ de qiú fàn liǎng gè shì chī
地說：「你們一個是該死的囚犯，兩個是吃
guān fàn de dōu bú shì hǎo rén jīn rì jìng zhuàng dào lǎo ye
官飯的，都不是好人，今日竟撞到老爺
shǒu li shuō ba xiǎng zěn me gè sǐ fǎ sòng jiāng sān rén
手裏！說吧，想怎麼個死法！」宋江三人
dà jīng méi xiǎng dào cái chū láng wō yòu rù hǔ kǒu
大驚！沒想到才出狼窩，又入虎口！

chuán jiā shuō nǐ men sān gè shì yào chī bǎn dāo miàn
船家說：「你們三個是要吃板刀面，
hái shi yào chī hún tun sòng jiāng jǐ rén jīng de bù zhī shén me
還是要吃餛飩？」宋江幾人驚得不知甚麼
yì si chuán jiā shuō bǎn dāo miàn jiù shì wǒ yì dāo yí gè
意思。船家說：「板刀面就是我一刀一個，
bǎ nǐ men dōu duò le rēng xia shuǐ qu hún tun jiù shì tuō le
把你們都剁了扔下水去；餛飩就是脫了
yī shang zì jǐ tiào xia jiāng li qù yān sǐ sòng jiāng sān rén
衣裳，自己跳下江裏去淹死。」宋江三人
shǎ le yǎn zhǔn bèi tiào shuǐ zì shā zhēn shì jí rén zì yǒu tiān
傻了眼，準備跳水自殺。真是吉人自有天
xiàng zhèng qiǎo lǐ jùn de chuán huá guo lai zhè chuán jiā nǎi
相①，正巧李俊的船划過來，這船家乃
shì lǐ jùn de jié bài xiōng dì jiào chuán huǒ ér zhāng héng tā
是李俊的結拜兄弟，叫船火兒張橫。他

①【吉人自有天相】

吉人，有福氣的善人。天相，老天的保佑。指好人總能得到上天的保佑。

tīng shuō yǎn qián de qiú fàn jiù shì sòng gōng míng jí máng xià
聽説眼前的囚犯就是宋公明，急忙下
bài lǐ jùn yòu jiào mù jiā xiōng dì lái jiàn sòng jiāng gē ge mù
拜。李俊又叫穆家兄弟來見宋江，哥哥穆
hóng hé dì di mù chūn yì tīng lì kè piě le dāo bài dǎo zài
弘①和弟弟穆春一聽，立刻撇了刀拜倒在
dì yuán lái tā men yě duì sòng jiāng yǎng mù yǐ jiǔ mù hóng
地，原來他們也對宋江仰慕已久。穆弘
yāo qǐng sòng jiāng qù fǔ shang zhù gěi tā yā jīng jǐ rì hòu
邀請宋江去府上住，給他壓驚。幾日後
sòng jiāng lái dào jiāng zhōu fǔ yá tā yǔ gōng chāi gào bié
宋江來到江州府衙。他與公差告別，
yòu gěi le tā men jǐ dìng dà yín
又給了他們幾錠大銀。

jǐ tiān hòu sòng jiāng jiàn dào yā láo jié jí dài zōng dì
幾天後，宋江見到押牢節級戴宗，遞

①【穆弘】

天究星穆弘，綽號没遮攔，没遮攔是山東方言，意爲没約束，也指他武藝高强，没有人能攔。在梁山與李逵一起鎮守北山一關。爲人直率，敢作敢當，武藝超羣。征方臘時，在途中病死。梁山排名第二十四位，馬軍八虎騎第八員。

shang wú yòng de xìn dài zōng qǐng tā qù jiǔ lóu chàng liáo
上吳用的信，戴宗請他去酒樓暢聊。

liǎng rén zhèng shuō de tòng kuài hū tīng lóu xià xuān nào qi lai
兩人正説得痛快，忽聽樓下喧鬧起來，

diàn xiǎo èr jí jí máng máng pǎo lai shuō lǐ dà gē lái le
店小二急急忙忙跑來，説李大哥來了，

qǐng dài zōng qù jiù jí dài zōng xiào bì shì nà sī wú lǐ
請戴宗去救急。戴宗笑：「必是那廝無禮，

xiōng zhǎng shāo děng wǒ qù qù jiù lái bù yí huì er dài
兄長稍等，我去去就來。」不一會兒，戴

zōng dài lai yí gè tóu fa yìng rú tiě shuā shēn cái hǎo sì hēi xióng
宗帶來一個頭髮硬如鐵刷，身材好似黑熊

de rén tā jiào lǐ kuí xiǎo míng tiě niú zài dài zōng shǒu
的人。他叫李逵①，小名鐵牛。在戴宗手

xià dāng yí gè xiǎo láo zi shǐ liǎng bǎ bǎn fǔ xìng qíng jí
下當一個小牢子②，使兩把板斧，性情急

zào rén chēng hēi xuàn fēng tā wèn dài zōng shuō gē ge
躁，人稱黑旋風。他問戴宗説：「哥哥，

zhè hēi hàn zi shì shéi
這黑漢子是誰？」③

①【李逵】

天殺星李逵，綽號黑旋風。他心粗膽大，率直忠誠，對宋江情深意重。宋江臨死前知道李逵肯定會造反，壞了梁山的名聲，無奈騙他也喝了毒酒，李逵沒有怨恨宋江，與他同葬。梁山排名第二十二位，任步軍頭領第五員。

②【牢子】

獄卒。古代的監獄卒子。

③【他問戴宗説：「哥哥，這黑漢子是誰？」】

分析：通過這句語言的描述，就能感受到李逵率直可愛的真性情。

名師小講堂

即使面對坐牢的危險、梁山的營救、李俊等人的勸阻，宋江既然答應了父親，就不會更改。言出必行、孝順父母的人，總能贏得別人的尊重。這也爲宋江日後成爲梁山首領，奠定了良好的基礎。

xuàn fēng yù bái tiáo

旋風遇白條

提問

lǐ kuí shì gè shén me yàng de rén

1. 李逵是個甚麼樣的人？

tā zài jiāngbiān yù dào shén me shì le

2. 他在江邊遇到甚麼事了？

dài zōng xiào dào yā sī nǐ kàn zhè sī cū lǔ ba

戴宗笑道：「押司，你看這廝粗魯吧！」

dài zōng yòu duì lǐ kuí shuō zhè jiù shì nǐ jīng cháng tí qi yào

戴宗又對李逵說：「這就是你經常提起要

qù tóu bèn de yì shì gē ge lǐ kuí shuō nán dào shì shān

去投奔的義士哥哥！」李逵說：「難道是山

dōng de hēi sòng jiāng dài zōng yòu xùn tā zhēn méi fēn cun

東的黑宋江？」戴宗又訓他：「真沒分寸，

kuài lái xià bài le lǐ kuí bú xìn sòng jiāng xiào shuō wǒ

快來下拜了。」李逵不信，宋江笑說：「我

zhèng shì hēi sòng jiāng lǐ kuí pāi shǒu jiào dào wǒ nà yé

正是黑宋江。」李逵拍手叫道：「我那爺！

gàn má bù zǎo shuō shuō wán pū shēn biàn bài

幹嘛不早說！」說完撲身便拜。

lǐ kuí hào dǔ yīn dǔ shū le qián dà nào dǔ chǎng xìng

李逵好賭，因賭輸了錢大鬧賭場，幸

hǎo dài zōng hé sòng jiāng gǎn lai zhì zhǐ le tā tā men qù
好戴宗和宋江趕來，制止了他。他們去
le lín jiāng de pí pa tíng jiǔ lóu sòng jiāng xiǎng yào wǎn yú là
了臨江的琵琶亭酒樓，宋江想要碗魚辣
tāng kě shì yú bú gòu xīn xiān diàn xiǎo èr bù hǎo yì si de
湯，可是魚不夠新鮮。店小二不好意思地
shuō yú yá zhǔ rén hái méi lái xīn xiān de yú dà jiā dōu bù
說：「魚牙主人還沒來，新鮮的魚大家都不
gǎn dòng lǐ kuí yì tīng bèng qi lai shuō wǒ qù zhǎo liǎng
敢動。」① 李逵一聽蹦起來說：「我去找兩
tiáo huó de dài zōng méi lán zhù shuō yòu rě shì qù le
條活的。」戴宗沒攔住，說：「又惹事去了。」

guǒ rán méi yí huì er lǐ kuí jiù yǔ yú rén men nào
果然沒一會兒，李逵就與漁人們鬧
de bù kě kāi jiāo zhè shí yú yá zhǔ rén lái le duì lǐ kuí
得不可開交。這時魚牙主人來了，對李逵
hǒu dào nǐ chī le xióng xīn bào zi dǎn gǎn dào zhè er dǎo
吼道：「你吃了熊心豹子膽，敢到這兒搗
luàn lǐ kuí jiàn tā nián qīng zhàng zhe zì jǐ jìn er dà hé tā
亂！」李逵見他年輕，仗着自己勁兒大和他
dǎ qi lai méi jǐ xià jiù zhàn le shàng fēng dài zōng hé sòng
打起來，沒幾下就佔了上風。戴宗和宋
jiāng jí shí gǎn lai yú yá zhǔ rén cái dé yǐ tuō shēn
江及時趕來，魚牙主人才得以脫身。

sān rén méi zǒu duō yuǎn jiù tīng jiàn shēn hòu yǒu rén jiào
三人沒走多遠，就聽見身後有人叫
mà qiān dāo wàn guǎ de hēi shā cái yé ye yào pà le nǐ
罵：「千刀萬剮的黑殺才，爺爺要怕了你，
bú suàn hǎo hàn nǐ hái gǎn zài bǐ ma dà jiā huí tóu yí
不算好漢！你還敢再比嗎！」大家回頭一

①【店小二不好意思地說：「魚牙主人還沒來，新鮮的魚大家都不敢動。」】

分析：通過這裏的描述，可以想象出魚牙主人對衆漁人極有威懾力。

kàn yú yá zhǔ rén zhèng zhàn zài yì zhī yú chuán shang lòu chu
看，魚牙主人正站在一隻漁船上，露出

hún shēn xuě bái de jī ròu lǐ kuí hǒu le yì shēng sān bù bìng
渾身雪白的肌肉。李逵吼了一聲，三步並

zuò liǎng bù dēng shang le chuán yú yá zhǔ rén yòng zhú gān yì
作兩步登上了船。魚牙主人用竹竿一

chēng xiǎo chuán xiàng kuáng fēng chuī luò yè yí yàng dàng dào jiāng
撐，小船像狂風吹落葉一樣蕩到江

xīn qù le tā xiào dào dǎ le bàn tiān pà shì yě kě le
心去了。他笑道：「打了半天怕是也渴了，

xiān hē diǎn shuǐ ba tā bǎ chuán yí huàng liǎng rén pū tōng
先喝點水吧！」他把船一晃，兩人撲通

dōu diào jin jiāng li àn biān zǎo yǐ jù le jǐ bǎi rén fēn fēn
都掉進江裏。岸邊早已聚了幾百人，紛紛

yì lùn shuō zhè huí hēi dà hàn kě cǎn lou zhǐ jiàn liǎng rén
議論說：「這回黑大漢可慘嘍！」只見兩人

yí gè hún shēn hēi ròu yí gè biàn tǐ shuāng fū yì hēi yì
一個渾身黑肉，一個遍體霜膚，一黑一

bái zài bì bō dàng yàng zhōng dǎ chéng yì tuán nà rén fān bō
白在碧波蕩漾中打成一團。① 那人翻波

tiào làng líng rú yú bǎ lǐ kuí tí qi lai àn xia qu zài tí
跳浪靈如魚，把李逵提起來按下去，再提

qi lai yòu àn xia qu lǐ kuí bèi qiāng de zhí fān bái yǎn
起來又按下去，李逵被嗆得直翻白眼。

sòng jiāng hé dài zōng xīn jí huǒ liǎo de wèn huān hū de
宋江和戴宗心急火燎地問歡呼的

rén qún nǐ men zhǔ rén shì shéi yǒu rén huí shuō wǒ
人羣：「你們主人是誰？」有人回說：「我

men zhǔ rén biàn shì dà míng dǐng dǐng de làng li bái tiáo zhāng
們主人便是大名鼎鼎② 的浪裏白條張

①【只見兩人一個渾身黑肉，一個遍體霜膚，一黑一白在碧波蕩漾中打成一團。】

分析：這裏通過顏色的强烈對比，增添了故事的趣味性和形象性。

②【大名鼎鼎】

鼎鼎：盛大、顯赫的樣子。形容極其有名，名氣很大。

①【張順】

天損星張順因長得白淨，綽號浪裏白條。他是梁山中水性最好的，一口氣能游四五十里，在水下能潛七日七夜。爲人忠義，人緣極好。征討方臘戰死後，梁山上下都爲之哀傷，被留在西湖龍宮爲神。梁山排名第三十位，水軍頭領第三員。

shùn sòng jiāng měng rán xiǎng qi zhāng héng shuō qi zì jǐ yǒu yí gè shuǐ xìng tè bié hǎo de dì di jiào zhāng shùn hái tuō zì jǐ gěi tā dài shū xìn dài zōng yì tīng jí máng qǐng zhāng shùn shǒu xià liú qíng zhāng shùn yì bǎ zhuā qi lǐ kuí huí dào àn biān tà làng rú zǒu píng dì zhòng rén hè cǎi bú duàn sòng jiāng dōu kàn dāi le lǐ kuí biān chuǎn qì biān tǔ shuǐ láng bèi jí le

順①！」宋江猛然想起，張橫説起自己有一個水性特別好的弟弟叫張順，還託自己給他帶書信。戴宗一聽，急忙請張順手下留情。張順一把抓起李逵回到岸邊，踏浪如走平地，衆人喝彩不斷，宋江都看呆了。李逵邊喘氣邊吐水，狼狽極了。

dài zōng qǐng zhāng shùn tóng shàng jiǔ lóu wèi liǎng rén

戴宗請張順同上酒樓，爲兩人

shuō he lǐ kuí shuō nǐ kě bǎ wǒ gěi yān gòu le zhāng
說和，李逵說：「你可把我給淹夠了！」張

shùn shuō nǐ yě dǎ de wǒ bù qīng lǐ kuí shuō nǐ bié
順說：「你也打得我不輕。」李逵說：「你別

zài lù shang zhuàng shang wǒ zhāng shùn shuō wǒ zhī zài shuǐ
在路上撞上我。」張順說：「我只在水

li děng zhe nǐ sì rén dōu dà xiào qǐ lai zhēn shì bù dǎ
裏等着你。」四人都大笑起來。真是「不打

bù xiāng shí zhāng shùn tīng shuō lìng yí wèi shì sòng jiāng jí
不相識」！張順聽說另一位是宋江，急

máng bài dǎo yòu qīn zì ná lai sì wěi xiān huó de jīn sè dà lǐ
忙拜倒，又親自拿來四尾鮮活的金色大鯉

yú jǐ rén jìn zuì fāng sàn
魚。幾人盡醉方散。

名師小講堂

《水滸傳》裏有不少好漢都有過賭博的經歷。其實賭博是一百害而無一利的娛樂方式，因爲背後有人操控。有些東西很有吸引力，但最好永遠都不要碰。就像可怕的毒品會毀了人生一樣，你也要遠離賭博。

hǎo hàn jié fǎ chǎng
好漢劫法場

sòngjiāng shì rú hé tuō lí shā shēn zhī huò de
提問 1. 宋江是如何脫離殺身之禍的？
wèi shén me dài zōng yě rù yù le ne
2. 爲甚麼戴宗也入獄了呢？

bù jiǔ sòngjiāng yīn zuì jiǔ hòu xiě le fǎn shī bèi xiǎo
不久，宋江因醉酒後寫了反詩，被小
rén huáng wén bǐng bào le guān zhī fǔ mìng dài zōng qù zhuō ná
人黄文炳報了官，知府命戴宗去捉拿
tā
他。

dài zōng de chuò hào jiào shén xíng tài bǎo yīn yǒu yí rì
戴宗的綽號叫神行太保，因有一日
néng xíng bā bǎi lǐ de dào shù yú shì gǎn jǐn shī zhǎn shén xíng
能行八百里的道術。於是趕緊施展神行
fǎ xiān tōng zhī sòng jiāng jiào tā zhuāng fēng mài shǎ hǎo duǒ guo
法先通知宋江，叫他裝瘋賣傻好躲過
cǐ nàn rán hòu tā yòu fǎn hui qu dài bīng lái zhuā sòng jiāng
此難。然後他又返回去，帶兵來抓宋江。
nǎ zhī huáng wén bǐng bú xìn ràng zhī fǔ jiāng sòng jiāng yán xíng
哪知黄文炳不信，讓知府將宋江嚴刑

kǎo dǎ sòng jiāng zhǐ hǎo zhāo rèn le zhī fǔ bǎ tā dǎ rù sǐ
拷打，宋江只好招認了。知府把他打入死

láo gěi fù qīn cài tài shī xiě xìn yāo gōng mìng dài zōng sòng wǎng
牢，給父親蔡太師寫信邀功，命戴宗送往

jīng shī
京師。

dài zōng lǐng le rèn wu huí lai dīng zhǔ lǐ kuí zhào gù hǎo
戴宗領了任務，回來叮囑李逵照顧好

sòng jiāng tā bù zhī dào zhī fǔ xìn zhōng nèi róng hái dǎ suàn
宋江，他不知道知府信中內容，還打算

shùn biàn dào jīng shī tuō rén bāng máng jiù sòng jiāng tā shī zhǎn
順便到京師託人幫忙救宋江。他施展

shén xíng shù jí máng shàng lù jīng guò liáng shān de jiǔ diàn
神行術急忙上路。經過梁山的酒店，

tā kě de sǎng zi mào huǒ yào le sān wǎn jiǔ yì yǎng bó
他渴得嗓子冒火，要了三碗酒，一仰脖

quán hē le suí hòu tiān xuán dì zhuàn hūn le guò qù
全喝了，隨後天旋地轉，昏了過去。

xìng kuī shì zhū guì de diàn tā sōu chu le xìn zhòng
幸虧是朱貴①的店，他搜出了信，衆

rén hé dài zōng yí kàn xìn jiàn nèi róng dōu shǎ le yǎn cháo gài yào
人和戴宗一看信件內容都傻了眼。晁蓋要

dài rén qù jiāng zhōu jiù sòng jiāng wú yòng jué de wēi xiǎn xìng tài
帶人去江州救宋江，吳用覺得危險性太

dà tā xiǎng chu yí gè hǎo bàn fǎ fǎng zào cài jīng de bǐ jì
大。他想出一個好辦法：仿造蔡京的筆跡

xiě yì fēng huí xìn ràng tā men bǎ sòng jiāng yā sòng dào jīng shī
寫一封回信，讓他們把宋江押送到京師

qù zhè yàng jīng guò liáng shān shí jiù néng jiù sòng jiāng le
去。這樣經過梁山時，就能救宋江了，

①【朱貴】

地囚星朱貴，綽號旱地忽律。是梁山最早的眼線，借開酒店爲名，專門打探往來客商的消息，爲人機警，喜愛好漢，爲梁山泊好漢人數的加增做出不小的貢獻。征方臘時，在杭州病死。梁山排名第九十二位。

dà jiā dōu pāi shǒu jiào hǎo
大家都拍手叫好。

cì rì dài zōng shōu hǎo wěi zào de huí xìn xiè guo
次日，戴宗收好僞造的回信，謝過

zhòng rén huí jiāng zhōu qù le tā zǒu hòu bù jiǔ wú yòng tū
衆人回江州去了。他走後不久，吳用突

rán xiǎng dào huí xìn li yòng cuò le yìn zhāng dàn cǐ shí yǐ zhuī bu
然想到回信裏用錯了印章。但此時已追不

shàng dài zōng le zhòng rén jué dìng xià shān jié fǎ chǎng cháo gài
上戴宗了，衆人決定下山劫法場。晁蓋

shuō jié fǎ chǎng kě bú shì nào zhe wán de kě néng huì dā
説：「劫法場可不是鬧着玩的，可能會搭

shang xìng mìng zhòng hǎo hàn dōu shuō gān nǎo tú dì sǐ
上性命。」衆好漢都説：「肝腦塗地①，死

bù zú xī yú shì cháo gài dài zhòng rén lián yè xià shān bēn
不足惜！」於是晁蓋帶衆人連夜下山，奔

wǎng jiāng zhōu
往江州。

guǒ rán yǎn jiān de huáng wén bǐng shí pò le zhè fèn fǎng
果然，眼尖的黄文炳識破了這份仿

zào de xìn zhī fǔ dà nù xià lìng jǐn kuài jiāng èr rén zhǎn
造的信。知府大怒，下令儘快將二人斬

shǒu jǐ rì hòu zhī fǔ qīn zì jiān zhǎn kě lián sòng jiāng hé
首。幾日後，知府親自監斬，可憐宋江和

dài zōng bèi kào bèi bèi bǎng zhe zhǐ děng zhe wǔ shí sān kè
戴宗背靠背被綁着，只等着午時三刻②

kāi dāo wèn zhǎn jiù zài zhè shí líng kōng tiào chu yí gè biāo
開刀問斬。就在這時，凌空跳出一個彪

xíng hēi dà hàn shǒu wò liǎng bǎ bǎn fǔ cǐ rén zhèng shì lǐ
形黑大漢，手握兩把板斧。此人正是李

①【肝腦塗地】

塗：塗抹，沾染。常形容竭盡忠誠，不惜付出任何犧牲。在古時，臣下對君主表示忠誠效勞時常用此語。

②【午時三刻】

舊小説中多在這個時刻行刑，差不多是中午十二點。因爲古人認爲這個時間陽氣最盛，可以衝淡殺人的陰氣。

kuí tā dà hǒu yì shēng jiǎn zhí zhèn ěr yù lóng zhòng rén xià
逵，他大吼一聲，簡直震耳欲聾。衆人嚇

de bì mù sè ěr dài zài zhēng yǎn shí liǎng gè guì zi shǒu yǐ
得閉目塞耳，待再睜眼時，兩個劊子手已

bèi kǎn sǐ zài dì zhī fǔ xià de táo mìng qù le
被砍死在地。①知府嚇得逃命去了。

①【此人正是李逵，他大吼一聲，簡直震耳欲聾。衆人嚇得閉目塞耳，待再睜眼時，兩個劊子手已被砍死在地。】

分析：只一聲大喊，就連殺兩人，及時救下宋江和戴宗，李逵的氣勢和勇猛躍然紙上。

liáng shān hǎo hàn zhōng yí gè bēi qi sòng jiāng yí gè bēi
梁山好漢中一個背起宋江，一個背

qi dài zōng qí yú de rén dǐ dǎng jūn bīng yí piàn hùn zhàn
起戴宗，其餘的人抵擋軍兵，一片混戰。

lǐ kuí féng rén jiù kǎn shā chu yì tiáo xuè lù lái cháo gài mìng
李逵逢人就砍，殺出一條血路來。晁蓋命

dà jiā gēn zhe tā huā róng hé huáng xìn děng rén shè jiàn duàn
大家跟着他，花榮和黄信等人射箭斷

hòu zhòng jūn bīng kàn nà fēi jiàn rú yǔ shéi rén gǎn zhuī zhòng
後，衆軍兵看那飛箭如雨，誰人敢追。衆

rén gēn lǐ kuí yì zhí bēn dào jiāng biān yǎn jiàn làng tāo pāi àn
人跟李逵一直奔到江邊，眼見浪濤拍岸，

méi le qù lù zhè kě rú hé shì hǎo
没了去路，這可如何是好？

名師小講堂

宋江若是知道他酒後失言，會導致這麼大的災難，恐怕給他上等佳釀，也不會沾一口。不要貪圖酒帶來的感覺，它早晚會讓你付出昂貴的代價。

白龍廟聚義

bái lóng miào jù yì

提問

1. 梁山好漢冒着生命危險，能否順利地救宋江和戴宗？

2. 黃文炳的結局怎樣？

眾人暗暗叫苦，只好先躲進江邊的白龍廟，商量如何渡江。阮小七[1]自告奮勇去江對面奪船。

當下阮家三雄脫了外衣，插把尖刀，鑽進水裏。剛游出一里地，只見江面上飛速搖來三隻大船。每隻船上都有十幾個人，個個拿着兵器，眾人皆

①【阮小七】

天敗星阮小七，綽號活閻羅，在梁山鎮守西北水寨。爲人心直口快、性情豪放、不受拘束。征方臘成功後，被封爲蓋天軍都統制，後貶爲平民，與老母親回到石碣村歡喜度日，六十壽終。梁山排名第三十一位，水軍頭領第六員。

huāng sòng jiāng chū miào yí kàn qǐ shǒu de chuán shang zuò
慌。① 宋江出廟一看，起首的船上坐

zhe yì rén kǒu li chuī zhe shào zhèng shì làng li bái tiáo zhāng
着一人，口裏吹着哨，正是浪裏白條張

shùn sòng jiāng bù jīn xǐ chū wàng wài
順！宋江不禁喜出望外②！

zhāng shùn cǐ shí yě kàn jiàn sòng jiāng gāo xìng jí le
張順此時也看見宋江，高興極了。

děng dào chuán yáo dào àn biān chuán shang zhòng rén fēn fēn tiào
等到船搖到岸邊，船上衆人紛紛跳

shang àn lai sòng jiāng yí kàn jiǎn zhí xīn xǐ ruò kuáng zhǐ
上岸來。宋江一看，簡直欣喜若狂！只

jiàn zhāng shùn zhāng héng lǐ jùn mù jiā xiōng dì děng quán
見張順、張橫③、李俊、穆家兄弟等全

lái le hái yǒu bù shǎo zhuàng hàn cǐ shí sān ruǎn yě yóu le
來了，還有不少壯漢。此時三阮也游了

huí lái yuán lái zhāng shùn děng rén tīng shuō sòng jiāng chī le guān
回來。原來張順等人聽説宋江吃了官

si dài zōng yě bèi zhuā le dōu hěn zháo jí dǎ suan yì
司，戴宗也被抓了，都很着急，打算一

qǐ shā rù jiāng zhōu cóng láo li jiù chu sòng jiāng rú jīn zài zhè
起殺入江州，從牢裏救出宋江。如今在這

lǐ yù dào sòng jiāng zěn néng bù kāi xīn ne sòng jiāng lián máng
裏遇到宋江怎能不開心呢！宋江連忙

jiè shào zhòng rén rèn shi dāng xià zhāng shùn jiǔ rén yǔ cháo gài
介紹衆人認識，當下張順九人與晁蓋

shí qī rén xíng lǐ xiāng jiàn zài jiā shang sòng jiāng dài zōng hé
十七人行禮相見，再加上宋江、戴宗和

lǐ kuí zǒng gòng èr shí jiǔ rén bái lóng miào xiǎo jù yì dōu
李逵，總共二十九人，白龍廟小聚義，都

①【每隻船上都有十幾個人，個個拿着兵器，衆人皆慌。】

分析：宋江剛剛安穩，又遇危險，故事情節的跌宕起伏，更加吸引讀者。

②【喜出望外】

望：希望，意料。因沒有想到的好事而非常高興。

③【張橫】

天平星張橫，綽號船火兒。同弟弟張順一起，駐守梁山西南水寨。爲人重情重義，後隨梁山義軍四方征戰，在水中大顯英雄本色。征討方臘時途中病故。梁山排名第二十八位，水軍頭領第二員。

gǎnxiāngjiànhènwǎn
感相見恨晚[1]！

zhèngshuō de rè nao jiāngzhōuchéng jūn mǎ shā dào le
正說得熱鬧，江州城軍馬殺到了。
lǐ kuí dà jiào yì shēng shā tí le shuāng fǔ xiān tiào chu
李逵大叫一聲：「殺！」提了雙斧先跳出
qu le cháo gài dà hǎn zhòng hǎo hàn xiāng zhù cháo mǒu
去了。[2] 晁蓋大喊：「衆好漢相助晁某，
shā jìn jiāng zhōu jūn mǎ zhāng shùn děng rén zhè cái zhī dào jīn
殺盡江州軍馬。」張順等人這才知道今
tiān shì sòng jiāng hé dài zōng xíng xíng zhī rì liáng shān hǎo hàn
天是宋江和戴宗行刑之日，梁山好漢
gāng jié wán fǎ chǎng bù jīn rè xuè fèi téng hé zhòng yīng xióng
剛劫完法場，不禁熱血沸騰，和衆英雄
qí shēng yìng dào yuàn tīng zūn mìng yì bǎi duō rén qí shēng
齊聲應道：「願聽尊命。」一百多人齊聲
nà hǎn shā le huí qù
吶喊，殺了回去。

huā róng yí jiàn jiāng wéi shǒu de yí gè mǎ jūn tóu lǐng shè
花榮一箭將爲首的一個馬軍頭領射
xia mǎ lai dùn shí mǎ jūn huāng luàn qi lai bù jūn yě bèi jiàn
下馬來，頓時馬軍慌亂起來，步軍也被踐
tà liáng shān hǎo hàn yì qǐ chōng shang qu shā de guān bīng
踏，梁山好漢一起衝上去，殺得官兵
rén yǎng mǎ fān hòu kǎi xuán zhòng rén shàng le sān sōu dà chuán
人仰馬翻後凱旋。衆人上了三艘大船，
lái dào jiāng duì àn mù hóng qǐng dà jiā zhù jin mù zhuāng mù
來到江對岸。穆弘請大家住進穆莊。穆
tài gōng shè yàn zhāo dài dà jiā xí shang cháo gài gǎn xiè zhāng
太公設宴招待大家，席上晁蓋感謝張

①【相見恨晚】
恨：遺憾。形容第一次見面，就覺得意氣很相投，只恨相見得太晚，沒早點遇見。

②【李逵大叫一聲:「殺！」提了雙斧先跳出去了。】
分析：對李逵的動作描述，活化了他渾身是膽的人物形象。

shùn děng rén jí shí lái jiù sòng jiāng yě qǐ shēn gǎn xiè dà jiā
順等人及時來救。宋江也起身感謝大家

de jiù mìng zhī ēn tā jiāng shì qing qián qián hòu hòu gēn dà jiā
的救命之恩。他將事情前前後後跟大家

jiǎng le yí biàn dà jiā dōu hěn tòng hèn huáng wén bǐng shì yào
講了一遍。大家都很痛恨黃文炳，誓要

chú diào zhè děng bài lèi xuē yǒng máo suì zì jiàn qù tàn tīng
除掉這等敗類。薛永毛遂自薦[1]去探聽

xiāo xi
消息。

liǎng rì hòu xuē yǒng dài huí yí gè tú dì jiào hóu jiàn
兩日後薛永帶回一個徒弟，叫侯健，

shàn cháng féng rèn zuì jìn zhèng qiǎo zài huáng wén bǐng jiā dāng
擅長縫紉。最近正巧在黃文炳家當

cái feng jiāng huáng jiā qíng kuàng shuō de yì qīng èr chǔ tiān
裁縫，將黃家情況說得一清二楚。天

hēi hòu zhòng rén tōu tōu zài huáng jiā zhōu wéi diǎn huǒ rán hòu
黑後，眾人偷偷在黃家周圍點火，然後

①【毛遂自薦】

比喻自告奮勇，自己推薦自己擔任某項工作。

jiè jī qiāo kai tā jiā de mén jiàn yí gè shā yí gè jiàn liǎng
借機敲開他家的門。見一個殺一個，見兩
rén shā yì shuāng zhǐ shì méi yù dào huáng wén bǐng sòng jiāng xīn
人殺一雙，只是没遇到黃文炳，宋江心
li jué de hěn yí hàn
裏覺得很遺憾。

huáng wén bǐng cǐ shí hái zài jiāng zhōu tā tīng shuō duì àn
黃文炳此時還在江州，他聽説對岸
zháo huǒ pà shì zì jǐ jiā jí máng zuò chuán fǎn huí bèi
着火，怕是自己家，急忙坐船返回。被
hòu zài jiāng miàn shang de lǐ jùn hé zhāng shùn zhuā gè zhèng zháo
候在江面上的李俊和張順抓個正着，
dài le huí qù sòng jiāng dà mà huáng wén bǐng lǐ kuí yì dāo
帶了回去。宋江大罵黃文炳，李逵一刀
bǎ tā shā le zhòng rén dà hǎn tòng kuài zhè shí sòng
把他殺了。衆人大喊：「痛快！」這時，宋
jiāng pū tōng yì shēng gěi zhòng rén guì xia zhòng rén dōu huāng
江撲通一聲給衆人跪下，衆人都慌
máng guì xia qí dào gē ge yǒu hé shì dàn shuō wú fáng
忙跪下，齊道：「哥哥有何事但説無妨，
xiōng di men bù gǎn bù tīng
兄弟們不敢不聽。」①

①【這時，宋江撲通一聲給衆人跪下，衆人都慌忙跪下，齊道：「哥哥有何事但説無妨，兄弟們不敢不聽。」】

分析：可以看出宋江的禮數周到，爲人自謙，同時也感受到衆人對宋江的尊重。

名師小講堂

所謂真的假不了，假的也真不了。宋江再裝瘋賣傻，吳用再聰明，最後事實真相都會暴露出來。因此，要持守誠實，要敢於做正確的事，説正確的話。不要生活在虛假裏，否則難以收場。

真假黑李逵

提問

1. 宋江又被官兵追殺，他是怎麼脫險的？
2. 李逵爲何下山？

宋江覺得連累了大家，深感內疚。如今他和衆人深知唯有投奔梁山才是條活路，衆人紛紛說：「願隨哥哥去，同死同生。」回到梁山，晁蓋請宋江坐首位，宋江再三推讓，最終位列第二。

宋江擔心家人受連累，心急如焚[1]要去接父親。他不顧晁蓋勸阻，說：「我一人

①【心急如焚】

焚，燒的意思。指心裏急得像着了火一樣。形容非常着急。

néngxíng
能行。」

tā yì rén hái zhēn bù xíng guān fǔ zǎo jiù kòng zhì le tā
他一人還真不行。官府早就控制了他
jiā jiù děng tā lái zì tóu luó wǎng sòngjiāng dà jīng zhuǎn shēn
家，就等他來自投羅網。宋江大驚，轉身
biàn táo hēi àn zhōng méi zǒu duō jiǔ jiù tīng jiàn bèi hòu chuán
便逃。黑暗中，沒走多久就聽見背後傳
lai zhuā zhù sòngjiāng de shēng yīn tā huāng bù zé lù bēn
來「抓住宋江」的聲音，他慌不擇路，奔
jin huán dào cūn cáng jin gǔ miào li duǒ zài shén chú zhōng
進還道村，藏進古廟裏，躲在神廚[1]中。
bù yí huì er zhuā bǔ de rén lái le yǎn jiàn shén chú wài de
不一會兒抓捕的人來了，眼見神廚外的
zhàng màn yào bèi tiǎo kai sòngjiāng xià de dà qì dōu bù gǎn chū
帳幔要被挑開，宋江嚇得大氣都不敢出。
bù zhī zěn de shénchú li jìngjuǎn qi yí zhèn fēng chuī miè le huǒ
不知怎的，神廚裏竟捲起一陣風吹滅了火
bǎ zhòngrén jīngkǒng gǎn jǐn lí kāi le
把，衆人驚恐，趕緊離開了。

yuán lái shì xuán nǚ niángniang jiù le tā xuán nǚ niáng
原來是玄女娘娘[2]救了他。玄女娘
niang cì xia xiān zǎo hé tiān shū bìng gào su tā yīn dào heng
娘賜下仙棗和天書，並告訴他，因道行
wèi wán yù dì zàn shí fá tā xià jiè bù jiǔ jiāng chóng dēng
未完，玉帝暫時罰他下界，不久將重登
zǐ fǔ sòng jiāng xǐng hòu jiàn shǒu zhōng zhēn yǒu zǎo hé hé
紫府[3]。宋江醒後，見手中真有棗核和
tiān shū sì mèng fēi mèng bù jīn jīng qí zhè shí tiān yǐ jiàn
天書，似夢非夢，不禁驚奇。這時天已見

①【神廚】

安置神像的立櫃。由神龕及其下面的櫃子組成。

②【玄女娘娘】

正義之神，因除暴安民有功，玉皇大帝封她爲九天玄女、九天聖母。常在小說中出現，是扶助英雄鏟惡除暴的應命女仙。

③【紫府】

道教稱仙人所居之地，叫紫府。

liàng cháo gài dài yuán bīng lái jiù tā le
亮，晁蓋帶援兵來救他了。

liáng shān shang sòng jiāng jiàn dào fù qīn gōng sūn shèng
梁山上，宋江見到父親，公孫勝

yào qù tàn mǔ yí pài rè nao jǐng xiàng lǐ kuí hū rán dà kū
要去探母，一派熱鬧景象。李逵忽然大哭，

shuō zhè ge qǔ diē nà ge kàn niáng nán bù chéng wǒ tiě niú
說：「這個取爹，那個看娘，難不成我鐵牛

shì tǔ li páo gè kēng zì jǐ zuān chu lai de ma wǒ yě yào
是土裏刨個坑，自己鑽出來的嗎？我也要

jiē wǒ niáng lái guò hǎo rì zi sòng jiāng tí chu yuē fǎ sān
接我娘來過好日子！」① 宋江提出約法三

zhāng lǐ kuí shuǎng kuai dā ying le rēng xia bǎn fǔ tí zhe
章，李逵爽快答應了，扔下板斧，提着

pō dāo kuài huo de xià shān le
朴刀快活地下山了。

dào le yí shuǐ xiàn de shān lín li yǒu yí gè dà hàn
到了沂水縣的山林裏，有一個大漢

jǔ zhe liǎng bǎ bǎn fǔ lán zhù qù lù shuō hēi xuàn fēng lǐ kuí
舉着兩把板斧攔住去路說：「黑旋風李逵

yé ye zài cǐ shí xiàng de liú xia mǎi lù qián lǐ kuí hā hā
爺爺在此。識相的留下買路錢。」李逵哈哈

dà xiào nǐ shì lǐ kuí nà nǐ yé ye wǒ yòu shì shéi nà
大笑：「你是李逵，那你爺爺我又是誰？」那

hàn yí kàn jiǎ de zhuàng shang zhēn de le dùn shí hún fēi pò
漢一看，假的撞上真的了，頓時魂飛魄

sàn lián máng qiú ráo shuō jiā li yǒu bā shí suì lǎo mǔ lǐ
散，連忙求饒，說家裏有八十歲老母。李

kuí xīn xiǎng wǒ lái jiē niáng dào shā le yí gè yǎng niáng de
逵心想：我來接娘，倒殺了一個養娘的

①【李逵忽然大哭，說：「這個取爹，那個看娘，難不成我鐵牛是土裏刨個坑，自己鑽出來的嗎？我也要接我娘來過好日子！」】

分析：作者在李逵身上真是潑墨不少，這裏可以感受到李逵的直率和孝順。

①【於是饒了他，又拿出十兩銀子，說：「以後別打我的旗號騙人了，做點正經買賣吧。」】

分析：語言的描寫，體現出李逵仁義的一面，也爲故事的發展埋下伏筆。

rén tiān dì bù róng yú shì ráo le tā yòu ná chu shí liǎng
人，天地不容。於是饒了他，又拿出十兩

yín zi shuō yǐ hòu bié dǎ wǒ de qí hào piàn rén le zuò
銀子，說：「以後別打我的旗號騙人了，做

diǎn zhèng jing mǎi mai ba
點正經買賣吧。」①

zhēn shì wú qiǎo bù chéng shū lǐ kuí méi zhǎo dào jiǔ
真是無巧不成書，李逵没找到酒

diàn wù dǎ wù zhuàng jìn le jiǎ lǐ kuí lǐ guǐ de jiā tā qù
店，誤打誤撞進了假李逵李鬼的家。他去

xiǎo jiě shí lǐ guǐ zhèng hǎo huí lai tā tōu tīng dào lǐ guǐ hé
小解時，李鬼正好回來，他偷聽到李鬼和

qī zi yào hài tā de guǐ jì bìng qiě zhī dào tā men gēn běn méi
妻子要害他的詭計，並且知道他們根本没

yǒu lǎo mǔ qīn bù yóu de dà nù yì dāo shā le lǐ guǐ tā
有老母親，不由得大怒，一刀殺了李鬼，他

qī zi duó mén ér táo lǐ kuí méi zhuī chī bǎo le dǔ zi jì
妻子奪門而逃。李逵没追，吃飽了肚子繼

xù gǎn lù
續趕路。

cì rì lǐ kuí gǎn dào jiā zhōng jiàn mǔ qīn yīn xiǎng tā kū
次日李逵趕到家中，見母親因想他哭

xiā le shuāng yǎn bù jīn xīn suān tā huǎng chēng zì jǐ zuò
瞎了雙眼，不禁心酸。他謊稱自己做

le dà guān yào jiē mǔ qīn qù xiǎng fú bēi qi mǔ qīn jiù zǒu
了大官，要接母親去享福，背起母親就走。

tiān yǐ jīng hēi le lǐ kuí pàn wàng gǎn jǐn guò le shān lǐng
天已經黑了，李逵盼望趕緊過了山嶺，

hǎo zhǎo gè rén jiā xiū xi mǔ qīn chū mén tài jí gān kě nán
好找個人家休息。母親出門太急，乾渴難

rěn zǒu le bàntiān lǐ kuí jiàn mǔ qīn shí zài tài nánshòu biàn
忍。走了半天，李逵見母親實在太難受，便
bǎ tā fàng zài yí kuài dà shí tou shang gǎn jǐn qù dǎ shuǐ nǎ
把她放在一塊大石頭上，趕緊去打水。哪
zhī tā dǎ wán shuǐ huí lai méi kàn jiàn mǔ qīn dào jiàn dào liǎng
知他打完水回來，沒看見母親，倒見到兩
zhī xiǎo lǎo hǔ zài kěn yì tiáo rén tuǐ
隻小老虎在啃一條人腿！

名師小講堂

不管原因有多麼正確，一意孤行，只會給自己帶來失誤和危險。宋江不聽晁蓋的話，非要自己去接父親，他是死刑犯，武功又不好，怎麼能順利接回父親呢！怕麻煩人，有時只會麻煩更多的人。

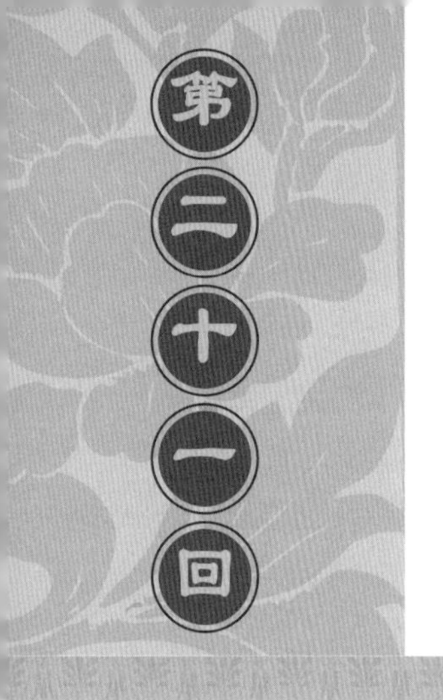

shā qī duàn qián chéng

殺妻斷前程

提問

yángxióng wèi shén me yào shā qī

楊雄爲甚麼要殺妻？

> ①【李逵只覺得嗡的一聲，大腦一片空白，悲憤地想：我特意來接我娘回去享福，没想到卻被你們這羣畜生給吃了！】
>
> 分析：這裏的細節描述，能看到李逵充滿感情的一面，也使讀者的感受得以抒發。

lǐ kuí zhǐ jué de wēng de yì shēng dà nǎo yí piàn
李逵只覺得嗡的一聲，大腦一片
kòng bái bēi fèn de xiǎng wǒ tè yì lái jiē wǒ niáng huí qu
空白，悲憤地想：我特意來接我娘回去
xiǎng fú méi xiǎng dào què bèi nǐ men zhè qún chù sheng gěi chī
享福，没想到卻被你們這羣畜生給吃
le tā bù jīn nù huǒ xióng xióng huī wǔ shǒu zhòng de pō
了！①他不禁怒火熊熊，揮舞手中的朴
dāo lián shā dà xiǎo sì zhī lǎo hǔ yòu jiāng mǔ qīn de cán gǔ
刀，連殺大小四隻老虎，又將母親的殘骨
mái le kū zhe xià le shānlǐng
埋了，哭着下了山嶺。

shān xià de liè hù jīng wén yǒu rén lián shā sì hǔ lǐ kuí
山下的獵户驚聞有人連殺四虎，李逵
dùn shí chéng le dǎ hǔ yīng xióng zhěng gè cūn zhuāng de rén dōu lái
頓時成了打虎英雄。整個村莊的人都來

yì dǔ yīng xióng fēng cǎi lǐ kuí méi bào zhēn míng què bèi lǐ
一睹英雄風采，李逵没報真名，卻被李
guǐ qī zi yì yǎn rèn le chū lái guān fǔ yì tīng shì zài táo fàn
鬼妻子一眼認了出來。官府一聽是在逃犯，
jí máng pài rén bǎ lǐ kuí zhuā le hǎo zài sòng jiāng bú fàng xīn
急忙派人把李逵抓了。好在宋江不放心
lǐ kuí pài hé tā tóng xiāng de zhū guì lái yíng lǐ kuí zhū guì
李逵，派和他同鄉的朱貴來迎李逵。朱貴
yǔ dì di zhū fù lián hé zhū fù de shī fu lǐ yún xiǎng bàn fǎ
與弟弟朱富，聯合朱富的師父李雲想辦法
jiù chu le lǐ kuí jǐ rén yì qǐ huí le liáng shān
救出了李逵，幾人一起回了梁山。

cháo gài jiàn liáng shān guī mó yuè lái yuè dà biàn jiào rén
晁蓋見梁山規模愈來愈大，便叫人
jiā gài fáng shè xiū qiáo jiàn lù yòu zēng shè le sān jiā jiǔ
加蓋房舍，修橋建路，又增設了三家酒
diàn zhè rì zhòng rén xiǎng niàn gōng sūn shèng dài zōng biàn qù
店。這日，衆人想念公孫勝，戴宗便去
jì zhōu dǎ ting qíng kuàng lù shang tā yù dào yáng lín dèng
薊州打聽情況。路上他遇到楊林、鄧
fēi péi xuān hé mèng kāng fēi cháng gāo xìng tā zài jì zhōu
飛、裴宣和孟康，非常高興。他在薊州
méi xún zháo gōng sūn shèng dào yù dào yí gè lù jiàn bù píng bá
没尋着公孫勝，倒遇到一個路見不平、拔
dāo xiāng zhù de shí xiù jǐ rén hěn xǐ ài tā jiàn yì tā lái
刀相助的石秀①，幾人很喜愛他，建議他來
liáng shān zhèng shuō zhe shí xiù jiù guo de yáng xióng qián lái
梁山。正説着，石秀救過的楊雄②前來
xiè tā dài zōng jiàn yáng xióng shì guān fǔ zhī rén gǎn jǐn duǒ
謝他。戴宗見楊雄是官府之人，趕緊躲

①【石秀】

天慧星石秀因肯爲朋友兩肋插刀，被稱作拼命三郎。在梁山時，與楊雄共同鎮守西山一關。征方臘時陣亡。石秀出身底層，但爲人仗義，幹練機智，能忍辱負重，是個血性好男兒。梁山排名第三十三位，步軍頭領第八員。

②【楊雄】

天牢星楊雄，綽號病關索。關索在野史中是關羽的三兒子，楊雄面色微黃，故稱病關索。爲人行俠仗義，時遷、杜興都蒙他出手相救，但爲人簡單，若没有石秀，不知多久才能識破家中姦情。征方臘勝利後，發背瘡而死。梁山排名第三十二位，爲步軍頭領第七員。

kai tā hé yáng lín zài jì zhōu chéng lǐ chéng wài yòu dǎ ting
開。他和楊林在薊州城裏城外又打聽
le hǎo jǐ rì dōu méi yǒu zhǎo dào gōng sūn shèng dài zōng pà
了好幾日，都没有找到公孫勝。戴宗怕
rì zi jiǔ le cháo gài hé sòng jiāng diàn jì jiù hé yáng lín
日子久了，晁蓋和宋江惦記，就和楊林
děng rén xiān huí liáng shān le
等人先回梁山了。

yáng xióng shì zhè lǐ de liǎng yuàn yā yù tā jiàn shí xiù
楊雄是這裏的兩院押獄，他見石秀
wú yī wú kào jiù dài tā huí dào zì jǐ jiā li yǔ tā jié bài
無依無靠，就帶他回到自己家裏，與他結拜
wéi xiōng dì yáng xióng de yuè fù nián qīng shí zuò guo tú fū
爲兄弟。楊雄的岳父年輕時做過屠夫，
tā kàn shí xiù shú xi zhè háng jiù hé tā yì qǐ kāi le gè ròu
他看石秀熟悉這行，就和他一起開了個肉
pù
鋪。

zhuǎn yǎn xià qù qiū lái yí cì ǒu rán de jī huì xì
轉眼夏去秋來，一次偶然的機會，細
xīn de shí xiù fā xiàn yáng xióng de qī zi pān qiǎo yún hé zuò fǎ
心的石秀發現楊雄的妻子潘巧雲和做法
shì de hé shang péi rú hǎi yǒu jiān qíng shí xiù yòu jīng yòu nù
事的和尚裴如海有姦情。石秀又驚又怒，
tì gē ge jiào qū tā bǎ zhēn xiàng gào su le yáng xióng
替哥哥叫屈。他把真相告訴了楊雄。

nǎ zhī pān qiǎo yún bù chéng rèn fǎn yǎo yì kǒu shuō shí
哪知潘巧雲不承認，反咬一口，説石
xiù xiǎng yào tiáo xì tā méi dé chěng cái zhè yàng shuō de tóu
秀想要調戲她没得逞，才這樣説的。頭

nǎo jiǎn dān de yáng xióng xìn yǐ wéi zhēn dà nù chāi le ròu pù
腦簡單的楊雄信以爲真，大怒，拆了肉鋪

guān le mén shí xiù jìn huò huí lai yí kàn xīn li jiù míng bai
關了門。石秀進貨回來一看，心裏就明白

le tā shōu shi le bāo guǒ bài xiè pān gōng zhī ēn yǔ tā
了。他收拾了包裹，拜謝潘公之恩，與他

jiāo míng le zhàng mù biàn gào cí lí kāi le
交明了賬目，便告辭離開了。①

①【石秀進貨回來一看，心裏就明白了。他收拾了包裹，拜謝潘公之恩，與他交明了賬目，便告辭離開了。】

分析：寥寥幾筆，就把石秀的精明幹練、在錢財上光明磊落的形象刻畫出來了。

shí xiù xiǎng gē ge suī hú tu wǒ què bù néng qì gē
石秀想，哥哥雖糊塗，我卻不能棄哥

ge yú bú gù bù rán nà liǎng rén zǎo wǎn hài le gē ge de xìng
哥於不顧，不然那兩人早晚害了哥哥的性

mìng yú shì shí xiù dǎ ting hǎo yáng xióng dāng zhí bú zài jiā de
命。於是石秀打聽好楊雄當值不在家的

shí jiān bàn yè duǒ zài yáng xióng jiā hòu mén wài děng dào péi
時間，半夜躲在楊雄家後門外，等到裴

rú hǎi cóng yáng jiā liū chu lai yì dāo jiāng tā shā le yáng
如海從楊家溜出來，一刀將他殺了。楊

xióng tīng shuō hòu mén sǐ le hé shang zhè cái huǎng rán dà wù
雄聽説後門死了和尚，這才恍然大悟，
jí máng zhǎo dào shí xiù qǐng qiú yuán liàng
急忙找到石秀，請求原諒。

cì rì yáng xióng shuō yào dài pān qiǎo yún qù shàng xiāng
次日，楊雄説要帶潘巧雲去上香，
bǎ tā lǐng dào shān shang yáng xióng bī wèn shí qíng jié guǒ tīng
把她領到山上，楊雄逼問實情，結果聽
de huǒ mào sān zhàng yì jī dòng bǎ qī zi shā le shì yǐ zhì
得火冒三丈，一激動把妻子殺了。事已至
cǐ shí xiù xiǎng qi dài zōng jiàn yì tóu bèn liáng shān liǎng rén
此，石秀想起戴宗，建議投奔梁山。兩人
zhèng yào zǒu tū rán sōng shù hòu miàn zǒu chu yì rén shuō
正要走，突然松樹後面走出一人，說：
shā le rén hái yào qù liáng shān pō dāng zéi wǒ kě dōu tīng jiàn
「殺了人還要去梁山泊當賊，我可都聽見
le èr rén dùn chī yì jīng
了。」二人頓吃一驚。

名師小講堂

雖然楊雄誤會了石秀，但石秀卻有情有義，他完全可以一走了之，但他惦記哥哥的性命。真正的友情，是能忍辱負重的，是能捨己和忍耐的。真正的友情，總會看到回報！

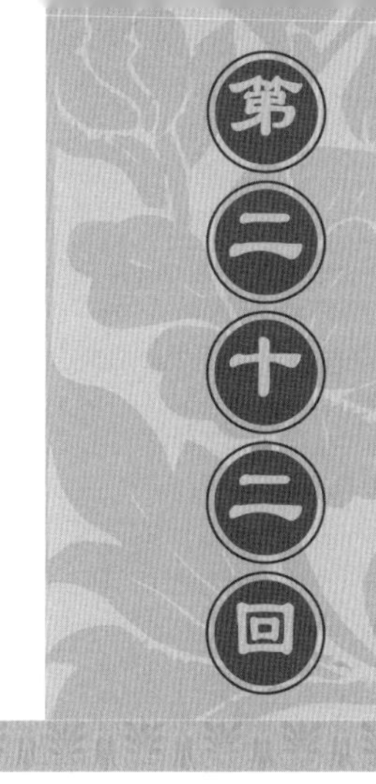

gǔ shang zǎo rě huò

鼓上蚤惹禍

提問

gǔ shang zǎo shì shéi tā rě le duō dà de huò ne
1. 鼓上蚤是誰，他惹了多大的禍呢？

liángshānyuàn yì bāngmáng jiù tā ma
2. 梁山願意幫忙救他嗎？

yuán lái nà rén shì gǔ shang zǎo shí qiān yáng xióng jiù guo tā de mìng tā shì lái jié bàntóng qù liángshān de
原來那人是鼓上蚤時遷①，楊雄救過他的命，他是來結伴同去梁山的。

dào le dú lónggāng tā men tóu sù kè diàn shí qiān què bǎ kè diàn bàoxiǎo de jī tōu lai zhǔ le yǐn de diàn jiā yǔ tā men dà dǎ chū shǒu tā men fàng huǒ shāo le kè diàn shí qiān què bèi náogōu gěi gōuzǒu le
到了獨龍岡，他們投宿客店，時遷卻把客店報曉的雞偷來煮了，引得店家與他們大打出手。他們放火燒了客店，時遷卻被撓鈎給鈎走了。

yáng xióng liǎng rén táo dào yì jiā jiǔ diàn zhèng yù shang yáng xióng céng jīng jiù guo de dù xīng tīng le tā men de jīng
楊雄兩人逃到一家酒店，正遇上楊雄曾經救過的杜興。聽了他們的經

①【時遷】

地賊星時遷輕功好，好像跳蚤落到鼓上沒有一點聲音，人稱鼓上蚤。時遷偷雞、盜甲、火燒翠雲樓的故事家喻户曉，他精明機智，打探工作做得非常細致，屢建奇功。在征方臘回來路上，他患絞腸痧而死。梁山排名第一百零七位。

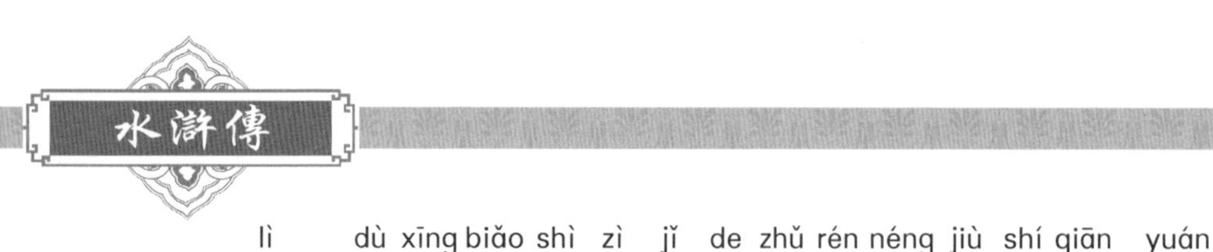

lì dù xīng biǎo shì zì jǐ de zhǔ rén néng jiù shí qiān yuán
歷，杜興表示自己的主人能救時遷。原

lái dú lóng gāng gòng yǒu zhù jiā zhuāng hù jiā zhuāng hé lǐ jiā
來獨龍岡共有祝家莊、扈家莊和李家

zhuāng sān gè cūn zhuāng zhù jiā zhuāng de zhuāng zhǔ zhù cháo fèng
莊三個村莊。祝家莊的莊主祝朝奉

yǒu sān gè ér zi gè gè wǔ gōng chū sè tā men de shī fu
有三個兒子，個個武功出色，他們的師父

luán tíng yù gèng shì liǎo dé hù jiā zhuāng zhuāng zhǔ yì ér yì
欒廷玉更是了得；扈家莊莊主一兒一

nǚ qí zhōng nǚ ér hù sān niáng nǎi shì nǚ zhōng háo jié
女，其中女兒扈三娘[1]乃是女中豪傑，

shǐ yí duì rì yuè shuāng dāo lǐ jiā zhuāng shang zhèng shì dù
使一對日月雙刀；李家莊上正是杜

xīng de zhǔ rén jiào lǐ yīng shǐ yì tiáo hún tiě diǎn gāng
興的主人，叫李應[2]，使一條渾鐵點鋼

qiāng néng bǎi bù qǔ rén yīn wèi dú lóng gāng lí liáng shān hěn
槍，能百步取人。因爲獨龍岡離梁山很

jìn wèi fáng liáng shān qiǎng liáng sān jiā jié xia shēng sǐ lián
近，爲防梁山搶糧，三家結下生死聯

méng tóng xīn duì kàng liáng shān
盟，同心對抗梁山。

lǐ yīng bāng máng qù yào rén shéi zhī zhù jiā zhuāng bù
李應幫忙去要人，誰知祝家莊不

mǎi lǐ yīng de miàn zi shuāng fāng dà dǎ chū shǒu
買李應的面子，雙方大打出手。

yáng xióng hé shí xiù hěn guò yì bú qù dǎ suàn shàng
楊雄和石秀很過意不去，打算上

liáng shān qù bān jiù bīng dào le liáng shān tā men jiāng shì qing
梁山去搬救兵。到了梁山，他們將事情

①【扈三娘】

地慧星扈三娘，又稱一丈青，使日月雙刀，有紅錦套索。在梁山與王英同掌梁山三軍內諸事。她能征善戰，是梁山泊三名女將中武功最好的，立功無數。在征方臘時，被魔君鄭彪所殺。梁山排名第五十九位。

②【李應】

天富星李應因鶻眼鷹睛，猿臂狼腰，極像撲天雕（綽號）。他和柴進一同掌管梁山錢糧。征方臘勝利回京後，任中山府鄆州都統制。上任半年聽說柴進等人辭官回鄉，他也稱病辭官，與杜興一起回李家莊而善終。梁山排名第十一位。

jīng guò hé pán tuō chū　nǎ zhī cháo gài tīng de dà nù　yào
經過和盤託出[①]。哪知晁蓋聽得大怒，要
jiāng tā liǎ zhǎn le
將他倆斬了！

zhòng tóu lǐng cóng méi jiàn guo cháo gài fā zhè me dà pí
衆頭領從沒見過晁蓋發這麼大脾
qi　dōu xià le yí tiào　cháo gài shuō　zì wáng lún sǐ hòu
氣，都嚇了一跳。晁蓋說：「自王倫死後，
wǒ liáng shān dōu shì guāng míng lěi luò de hǎo hàn　nǎ yǒu zhè
我梁山都是光明磊落的好漢，哪有這
děng tōu jī mō gǒu zhī rén　jìng ràng zhù jiā zhuāng rú cǐ xiū rǔ
等偷雞摸狗之人！竟讓祝家莊如此羞辱
wǒ men　sòng jiāng gǎn máng quàn zhù　bìng jiàn yì chèn jī
我們！」[②]宋江趕忙勸住，並建議趁機
dǎ yā zhù jiā zhuāng de wēi fēng　wú yòng yě zàn tóng　yú shì
打壓祝家莊的威風。吳用也贊同，於是
sòng jiāng máo suì zì jiàn　dài bīng gōng dǎ zhù jiā zhuāng
宋江毛遂自薦，帶兵攻打祝家莊。

cì rì sòng jiāng dài zhe huā róng　lǐ kuí hé shí xiù děng
次日宋江帶着花榮、李逵和石秀等
rén　lǐng zhe sān qiān xiǎo lóu luo xià shān qù　lín chōng　qín
人，領着三千小嘍囉下山去。林沖、秦
míng děng rén dài sān qiān rén suí hòu jiē yìng　sòng jiāng tīng shuō zhù
明等人帶三千人隨後接應。宋江聽說祝
jiā zhuāng lù jìng fù zá　biàn yǔ huā róng shāng liang　dǎ suàn
家莊路徑複雜，便與花榮商量，打算
pài rén xiān qù tàn lù　lǐ kuí qiǎng zhe yào qù　sòng jiāng shuō
派人先去探路。李逵搶着要去，宋江說：
pò zhèn chōng dí　nǐ zì dāng xiān qù　dàn xì zuò de huó
「破陣衝敵，你自當先去。但細作的活

①【和盤託出】

和：連同。連盤子也端出來了。比喻全都講出來，毫不保留。

②【晁蓋說：「自王倫死後，我梁山都是光明磊落的好漢，哪有這等偷雞摸狗之人！竟讓祝家莊如此羞辱我們！」】

分析：語言的描寫，很好地解釋了故事發生變化的原因，也刻畫了人物的性格。

er yòng bu shàng nǐ lǐ kuí mǎn bú zài hu de shuō yí gè
兒用不上你。」李逵滿不在乎地說：「一個

niǎo zhuāng wǒ dài èr bǎi duō gè hái ér men kǎn le wán shì hé
鳥莊，我帶二百多個孩兒們砍了完事，何

bì zhè me fèi shì sòng jiāng hē chì tā tuì xia lǐ kuí nǔ nu
必這麼費事。」宋江呵斥他退下，李逵努努

zuǐ zǒu le
嘴走了。

sòng jiāng pài yáng lín hé shí xiù qù dǎ tàn qíng kuàng shí
宋江派楊林和石秀去打探情況。石

xiù bàn chéng dǎ chái de yáng lín bàn chéng fǎ shī shí xiù jìn
秀扮成打柴的，楊林扮成法師。石秀進

le yì jiā diàn diàn li de lǎo rén quàn tā kuài zǒu yīn wèi dà dí
了一家店，店裏的老人勸他快走，因爲大敵

dāng qián shí xiù jiàn lǎo rén xīn shàn jiù zhuāng zuò zháo jí de
當前①。石秀見老人心善，就裝作着急的

yàng zi xiàng lǎo rén tàn lù lǎo rén gào su tā jiàn dào bái yáng shù
樣子向老人探路。老人告訴他見到白楊樹

jiù guǎi wān kěn dìng néng chū qu zhè shí tīng jiàn wài miàn dà
就拐彎，肯定能出去。這時聽見外面大

hǎn shuō zhuā dào le jiān xì shí xiù dà chī yì jīng
喊，說抓到了奸細，石秀大吃一驚。

①【大敵當前】

當：面對。面對着强敵。形容形勢很嚴峻。

名師小講堂

貪小便宜吃大虧，時遷爲了偷吃一隻雞，不但自己被抓，還連累了楊雄、石秀、李應等人，引起戰亂。千萬不要爲了眼前一點好處，就辦傻事啊！

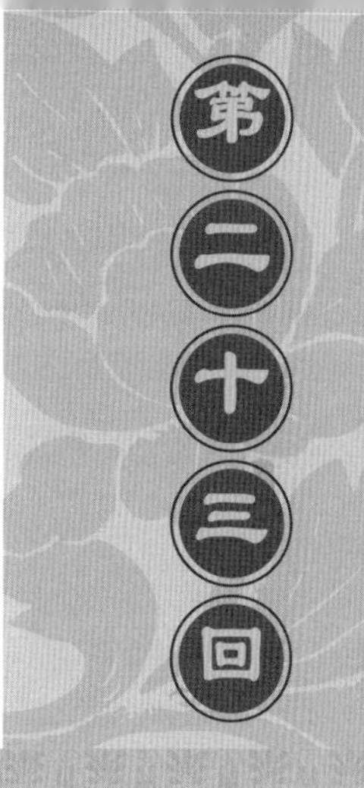

nán shèng yí zhàng qīng

難勝一丈青

提問

sòng jiāng liǎng cì gōng dǎ zhù jiā zhuāng wèi shén me dōu shī bài le

宋江兩次攻打祝家莊，爲甚麼都失敗了？

yuán lái shì yáng lín bèi zhuā le shí xiù bù jīn àn àn jiào kǔ

原來是楊林被抓了，石秀不禁暗暗叫苦。

sòng jiāng tīng shuō yǐ zhuā le jiān xì xīn jiāo bù yǐ yú shì dài bīng yáo qí nà hǎn chōng xiàng zhù jiā zhuāng sòng jiāng jiàn zhuāng mén jǐn bì sì wéi jì jìng xīn zhī bú miào jí mìng kuài chè kě shì yǐ jīng wǎn le suí zhe yí gè hào pào zhí fēi shàng tiān dùn shí shàng qiān gè huǒ bǎ liàng qi lai sì zhōu dōu shì nà hǎn shēng yóu rú tiān luó dì wǎng sòng jiāng dài

宋江聽説已抓了奸細，心焦不已，於是帶兵搖旗吶喊衝向祝家莊。宋江見莊門緊閉，四圍寂靜，心知不妙，急命快撤。可是已經晚了，隨着一個號炮直飛上天，頓時上千個火把亮起來，四周都是吶喊聲，猶如天羅地網。宋江帶

rén cóng dà lù tuì hui nǎ zhī zǒu le bàn tiān yòu zhuàn dào yuán
人從大路退回，哪知走了半天又轉到原
diǎn zhòng rén huāng luàn sòng jiāng mìng táo wǎng bǎi xìng cūn zi
點。衆人慌亂，宋江命逃往百姓村子，
méi xiǎng dào nà xiē lù biàn dì dōu shì zhú qiān tiě cì shāng le
没想到那些路遍地都是竹籤鐵刺，傷了
hěn duō rén zéi bīng yuè lái yuè duō jiù zài zhè qiān jūn yí
很多人。賊兵愈來愈多，就在這千鈞一
fà de shí kè shí xiù gǎn lai le tā gào su sòng jiāng zéi
髮[1]的時刻，石秀趕來了，他告訴宋江，賊
bīng yǒu hóng dēng wéi xìn hào huā róng huí tóu biàn zhǎo guǒ rán
兵有紅燈爲信號。花榮回頭便找，果然
fā xiàn hóng dēng suí zhe duì wu zǒu tā yí jiàn shè luò hóng dēng
發現紅燈隨着隊伍走。他一箭射落紅燈。
zéi kòu dùn shí bú zhàn zì luàn
賊寇頓時不戰自亂。

shí xiù yǐn lù dài zhe dà jiā zhōng yú táo le chū qù
石秀引路，帶着大家終於逃了出去。
huí dào zhù zhā de dà zhài fā xiàn jìng shǎo le huáng xìn sòng
回到駐紮的大寨，發現竟少了黄信，宋
jiāng chū shī bú lì xīn qíng dī luò yáng xióng tí yì qù bài
江出師不利，心情低落。楊雄提議去拜
fǎng lǐ yīng shéi zhī lǐ yīng bú yuàn yǔ liáng shān cǎo kòu wéi
訪李應。誰知李應不願與梁山草寇爲
wǔ xiè jué xiāng jiàn zhǐ ràng dù xīng zhuǎn gào tā men bú
伍，謝絶相見。只讓杜興轉告，他們不
huì zài bāng zhù jiā dù xīng yòu shuō zhù jiā zhuāng yǒu qián hòu
會再幫祝家。杜興又説，祝家莊有前後
liǎng mén yào yì qǐ gōng dǎ sòng jiāng xiè guo dù xīng lí
兩門，要一起攻打。宋江謝過杜興，離

①【千鈞一髮】
鈞，三十斤，千鈞，即三萬斤。千鈞的力量繫在一根頭髮上。比喻情況萬分危急，或極其危險。

kāi le
開了。

sòng jiāng lǚ zāo xiū rǔ shì yào tà píng zhù jiā zhuāng
宋江屢遭羞辱，誓要踏平祝家莊，

zhòng hǎo hàn yě fēn fēn xiǎng yìng mó quán cā zhǎng hèn bu
眾好漢也紛紛響應，摩拳擦掌①，恨不

de lì kè jiù gōng jin qu
得立刻就攻進去。

sòng jiāng mìng qín míng dài rén gōng dǎ qián mén tā dài
宋江命秦明帶人攻打前門，他帶

zhe mǎ lín děng rén zhí bèn hòu mén gāng dào hòu mén jiù yù dào yí
着馬麟等人直奔後門。剛到後門就遇到一

gè yīng zī sà shuǎng de nǚ jiàng sòng jiāng cāi dào zhè biàn shì
個英姿颯爽②的女將，宋江猜到這便是

hù sān niáng zhòng rén jiàn shì nǚ liú zhī bèi dōu méi bǎ tā fàng
扈三娘。眾人見是女流之輩，都没把她放

zài yǎn li nǎ zhī hù sān niáng shí fēn lì hai jǐ gè huí hé
在眼裏。哪知扈三娘十分厲害，幾個回合

①【摩拳擦掌】

形容戰鬥或勞動之前，人們精神振奮，躍躍欲試的樣子。

②【英姿颯爽】

颯爽：豪邁矯健的樣子。形容英俊威武、精神煥發的樣子。

jiù bǎ wáng yīng qín le ōu péng yào jiù wáng yīng bèi hù sān
就把王英擒了。歐鵬要救王英，被扈三
niáng dǎng zhù ōu péng qiāng fǎ jīng shú kě yě zhǐ hé hù sān
娘擋住。歐鵬槍法精熟，可也只和扈三
niáng dǎ gè píng shǒu zhù jiā lǎo dà zhù lóng zhí qǔ sòng jiāng
娘打個平手。祝家老大祝龍直取宋江，
mǎ lín yíng shang zhù lóng bù yí huì er pī lì huǒ qín míng cóng
馬麟迎上祝龍。不一會兒霹靂火秦明從
qián mén gǎn lai tì xia mǎ lín zhí bèn zhù lóng mǎ lín jí máng
前門趕來，替下馬麟直奔祝龍。馬麟急忙
qù jiù wáng yīng hù sān niáng piě xia ōu péng lái yíng mǎ lín
去救王英，扈三娘撇下歐鵬，來迎馬麟。
hù sān niáng hé mǎ lín dōu shǐ shuāng dāo dāo fǎ chún shú sì
扈三娘和馬麟都使雙刀，刀法純熟，四
bǎ dāo wǔ de rú fēng piāo yù xiè xuě sǎ qióng huā sòng jiāng
把刀舞得如風飄玉屑，雪撒瓊花，宋江
děng rén kàn de yǎn dōu huā le
等人看得眼都花了。①

①【扈三娘和馬麟都使雙刀，刀法純熟，四把刀舞得如風飄玉屑，雪撒瓊花，宋江等人看得眼都花了。】

分析：這裏的比喻，十分形象地描寫出兩人比武時的精彩場面。

luán tíng yù jiàn zhù lóng bù dí qín míng jí máng chū zhàn
欒廷玉見祝龍不敵秦明，急忙出戰。
ōu péng pāi mǎ yíng shang luán tíng yù chèn qí bú bèi jiāng tā yì
歐鵬拍馬迎上，欒廷玉趁其不備，將他一
chuí dǎ xia mǎ qu dèng fēi lián máng bǎ tā jiù hui lai luán tíng
錘打下馬去，鄧飛連忙把他救回來。欒廷
yù jiē xia qín míng jǐ gè huí hé hòu tā jiǎ zhuāng táo pǎo yǐn
玉接下秦明，幾個回合後他假裝逃跑，引
qín míng jìn rù huāng cǎo dì yòng bàn mǎ suǒ bàn dǎo qín le
秦明進入荒草地，用絆馬索絆倒，擒了
huí qù dèng fēi xīn jí lián máng qù jiù yě bèi zhuō qu
回去。鄧飛心急，連忙去救，也被捉去。

sòng jiāng yí kàn bù hǎo mìng lìng kuài chè bèi hòu luán
宋江一看不好，命令快撤。背後欒

tíng yù hù sān niáng qióng zhuī bù shě sòng jiāng děng rén yǎn
廷玉、扈三娘窮追不捨。宋江等人眼

kàn bèi zhuō hǎo zài mù hóng yáng xióng hé huā róng gè dài wǔ bǎi
看被捉，好在穆弘、楊雄和花榮各帶五百

rén fēn bié cóng sān miàn jí shí gǎn lai zhēn shì yí piàn hùn zhàn
人分別從三面及時趕來。真是一片混戰，

sòng jiāng pà zài mí le lù mìng lìng chè bīng tā yí gè rén qù
宋江怕再迷了路，命令撤兵。他一個人去

xún lù méi zǒu duō yuǎn tū rán fā xiàn hù sān niáng fēi mǎ zhuī
尋路，没走多遠，突然發現扈三娘飛馬追

lai sòng jiāng dùn shí huāng le shǒu jiǎo pāi mǎ wǎng dōng bēn
來，宋江頓時慌了手腳，拍馬往東奔

táo jiù zài kuài bèi zhuā zhù de yí shùn jiān hū tīng dào shān
逃。就在快被抓住的一瞬間，忽聽到山

pō shang yì shēng dà hè niǎo pó niáng gǎn zhuī wǒ gē ge
坡上一聲大喝：「鳥婆娘敢追我哥哥！」

名師小講堂

急躁時作決定，往往出錯。宋江第一次進兵，要不是石秀及時出現，差點全軍覆没。即使急躁的原因是對的，也會帶來損失。在征討方臘時，不少好漢就是因急躁而喪命。有時，等待也是一種智慧。

dà pò zhù jiā zhuāng

大破祝家莊

提問

liángshān hǎo hàn shì zěn me gōng xia zhù jiā zhuāng de
1. 梁山好漢是怎麼攻下祝家莊的？
lǐ jiā zhuāng de qíngkuàng zěn yàng
2. 李家莊的情況怎樣？

yuán lái shì lǐ kuí lái le hù sān niáng jiàn zhè rén zhǎng de xiōng shén è shà xīn zhī bù hǎo rě biàn lè mǎ zhuǎn shēn wǎng shù lín li tuì qu méi xiǎng dào jìng pèng shang lín chōng liǎng rén dòu bú dào shí huí hé lín chōng jiù jiāng hù sān niáng gěi qín le

原來是李逵來了。扈三娘見這人長得兇神惡煞，心知不好惹，便勒馬轉身往樹林裏退去。沒想到竟碰上林沖，兩人鬥不到十回合，林沖就將扈三娘給擒了。①

sòng jiāng huí dào zhài zhōng chóu méi bù zhǎn cì rì chén wú yòng dài zhe xīn rù huǒ de hǎo hàn lái bāng máng zhè bā rén zhōng yǒu yí wèi jiào bìng yù chí sūn lì běn shì dēng zhōu bīng

宋江回到寨中，愁眉不展。次日晨，吳用帶着新入伙的好漢來幫忙。這八人中有一位叫病尉遲孫立②，本是登州兵

①【沒想到竟碰上林沖，兩人鬥不到十回合，林沖就將扈三娘給擒了。】

分析：扈三娘屢戰不敗，碰到林沖，只十個回合就被活捉了，反襯出林沖的武藝非常出衆。

②【孫立】

地勇星孫立八尺身材，臉色淡黃，使長槍，腕上懸一條虎眼竹節鋼鞭，鞭槍純熟，有唐初尉遲恭之勇，綽號病尉遲。是地煞星中出色的人才，多次對敵中單挑未有敗績。征方臘成功後，孫立與孫新、顧大嫂仍回登州。梁山排名第三十九位。

mǎ tí xiá qián jǐ tiān hé dì di sūn xīn dì xí gù dà sǎo dài
馬提轄。前幾天和弟弟孫新、弟媳顧大嫂帶
zhe péng you zōu yuān zōu rùn yuè hé yì qǐ jié láo jiù le
着朋友鄒淵、鄒潤、樂和一起劫牢，救了
xiè zhēn xiè bǎo liǎng gè yuǎn qīn wú chù kě qù tè lái
解珍①、解寶②兩個遠親，無處可去，特來
tóu bèn sūn lì cóng xiǎo gēn luán tíng yù shì tóng mén shī xiōng
投奔。孫立從小跟欒廷玉是同門師兄
dì tā dǎ suàn lì yòng zì jǐ de shēn fèn hùn jin zhuāng qu
弟，他打算利用自己的身份混進莊去，
lǐ yìng wài hé gōng pò zhù jiā zhuāng sòng jiāng dà xǐ
裏應外合，攻破祝家莊。宋江大喜。

cì rì sūn lì mìng rén jǔ zhe dēng zhōu bīng mǎ tí xiá
次日，孫立命人舉着「登州兵馬提轄
sūn lì de qí zi lái dào zhù jiā mén qián luán tíng yù yǔ
孫立」的旗子，來到祝家門前。欒廷玉與
tā jiǔ bié chóng féng hěn shì huān xǐ tā jiàn sūn lì jì yǒu jiā
他久別重逢很是歡喜。他見孫立既有家
juàn yòu yǒu xíng li rén mǎ gōng wén yě bù jiǎ jiù xiāng xìn
眷，又有行李人馬，公文也不假，就相信
le tā gāo xìng de jiāng tā men yíng jin zhuāng qu qí shí nà
了他，高興地將他們迎進莊去。其實那
gōng wén nǎi shì liáng shān zhòng rén fǎng zào de dì èr tiān zhù
公文乃是梁山衆人仿造的。第二天祝
jiā yǔ liáng shān duì zhàn sūn lì dà xiǎn shén wēi huó zhuō le
家與梁山對戰，孫立大顯神威，活捉了
shí xiù chōng fèn yíng dé le zhù jiā de xìn rèn
石秀，充分赢得了祝家的信任。

dì wǔ tiān sūn lì hé sòng jiāng yuē de shí jiān yǐ dào
第五天，孫立和宋江約的時間已到。

①【解珍】

天暴星解珍，綽號兩頭蛇，蛇有兩頭，比喻更加驍勇。原是登州數一數二的獵户，登山越嶺本領高超。與弟弟解寶均是七尺身材，都使渾鐵點鋼叉，在梁山兩人共同守衛山前南路第一關。征方臘時戰死。梁山排名第三十四位，步軍頭領第九員。

②【解寶】

天哭星解寶，綽號雙尾蠍，蠍子的毒在尾巴上，雙尾比喻此人更加厲害。他和哥哥一樣，善於穿山越嶺，捕兔逐鹿。他作戰英勇，在征討方臘時，與哥哥解寶雙雙死於烏龍嶺後山的偷襲之戰中。梁山排名第三十五位，步軍頭領第十員。

zhuāng wài sòng jiāng dài rén bīng fēn sān lù dà jǔ jìn gōng yǐn
莊外宋江帶人兵分三路，大舉進攻，引

de zhù jiā sān zǐ hé luán tíng yù qīng cháo chū dòng zhuāng
得祝家三子和欒廷玉傾巢出動①；莊

nèi gù dà sǎo děng rén zǎo yǐ duì zhù jiā qíng kuàng liǎo rú zhǐ
內，顧大嫂等人早已對祝家情況了如指

zhǎng zōu rùn zōu yuān fàng chu bèi zhuā de qī wèi liáng shān
掌②，鄒潤、鄒淵放出被抓的七位梁山

hǎo hàn sūn xīn jiāng mén lóu shang de zhù jiā qí bá chu huàn
好漢；孫新將門樓上的祝家旗拔出，換

shang liáng shān qí hào yuè hé fàng shēng chàng qi gē lai xiè
上梁山旗號；樂和放聲唱起歌來；解

zhēn xiè bǎo zài hòu mén diǎn huǒ zhù cháo fèng jiǎn zhí nán yǐ
珍、解寶在後門點火。祝朝奉簡直難以

xiāng xìn zì jǐ de yǎn jing shí xiù gǎn lai yì dāo jié guǒ le
相信自己的眼睛，石秀趕來，一刀結果了

tā
他。

liáng shān hǎo hàn jiàn lǐ miàn dé shǒu le dùn jué jīng
梁山好漢見裏面得手了，頓覺精

shen bǎi bèi fèn yǒng shā dí zhù jiā sān zǐ hé luán tíng yù dà
神百倍，奮勇殺敵。祝家三子和欒廷玉大

jīng shī sè jí máng fǎn huí hùn luàn zhōng lǐ kuí yòng dà fǔ
驚失色，急忙返回。混亂中，李逵用大斧

kǎn sǐ zhù biāo qí yú èr rén yě sǐ le luán tíng yù jiàn dà
砍死祝彪，其餘二人也死了。欒廷玉見大

shì yǐ qù zhǐ hǎo táo zǒu le
勢已去，只好逃走了。

sòng jiāng běn xiǎng xuè xǐ zhù jiā zhuāng yǐ jué hòu huàn
宋江本想血洗祝家莊，以絕後患。

①【傾巢出動】

傾：倒出；巢：巢穴。比喻敵人出動全部兵力或人力。

②【了如指掌】

了：明白；指掌：指着手掌。形容對事物了解得非常清楚，像把東西放在手掌裏給人家看一樣。

dàn yīn shí xiù shuō chu lǎo rén zhǐ lù de shì biàn dǎ xiāo le zhè
但因石秀說出老人指路的事，便打消了這

ge niàn tou kāi cāng fàng liáng shàn dài zhuāng mín yòu sòng le
個念頭，開倉放糧，善待莊民，又送了

lǎo rén xǔ duō cái wù zhù jiā zhuāng de rén fú lǎo xié yòu yí
老人許多財物。祝家莊的人扶老携幼，一

lù bài xiè
路拜謝。①

①【祝家莊的人扶老携幼，一路拜謝。】

分析：通過此處描述，可以看出祝家莊在當地名聲不好，欺壓百姓；而梁山泊開倉放糧，反得人心。

jǐ tiān hòu guān fǔ de rén zhǎo shang lǐ yīng shuō tā
幾天後，官府的人找上李應，說他

gōu jié liáng shān zéi kòu huǐ le zhù jiā zhuāng bù yóu fēn shuō
勾結梁山賊寇，毀了祝家莊，不由分說，

jiāng lǐ yīng hé dù xīng bǎng le yā hui yá men nǎ zhī zhè xiē
將李應和杜興綁了，押回衙門。哪知這些

rén méi shàng yá men dào shàng le liáng shān yuán lái guān fǔ de
人没上衙門，倒上了梁山。原來官府的

rén dōu shì liáng shān hǎo hàn bàn de lǐ yīng bú yuàn luò cǎo
人都是梁山好漢扮的。李應不願落草，

jiān chí xià shān wú yòng xiào zhe shuō nǐ de jiā juàn yǐ bèi jiē
堅持下山。吳用笑着說：「你的家眷已被接

dào shān zhài le lǐ jiā zhuāng yě bèi yì bǎ huǒ shāo wéi píng
到山寨了，李家莊也被一把火燒爲平

dì le dà guān rén hái yào huí nǎ lǐ qù ne lǐ yīng kàn
地了，大官人還要回哪裏去呢？」李應看

jiàn zì jǐ de jiā rén dài zhe cái wù zhèng shàng shān lái jiǎn zhí
見自己的家人帶着財物正上山來，簡直

shì mù dèng kǒu dāi zhòng rén fēn fēn lái ān wèi tā lǐ yīng jiàn
是目瞪口呆。衆人紛紛來安慰他。李應見

dà jiā yǒu qíng yǒu yì biàn dā ying liú xia zhòng rén dà xǐ
大家有情有義，便答應留下，衆人大喜。

cì rì sòng jiāng xiǎng qi dā ying wáng yīng de shì biàn
次日，宋江想起答應王英的事，便

qǐng lai hù sān niáng ràng tā liǎ chéng le qīn zhòng rén jiàn sòng
請來扈三娘，讓他倆成了親。衆人見宋

jiāng yǒu dé yǒu yì dōu hěn pèi fú liáng shān zì cǐ míng shēng
江有德有義，都很佩服。梁山自此名聲

dà zhèn yǐn de gè lù háo jié fēn fēn lái tóu
大振，引得各路豪傑紛紛來投。

名師小講堂

劉備臨終前對兒子劉禪說：「勿以善小而不爲，勿以惡小而爲之。」不要輕視小事，「小」中有「大」。指路的老人所做的就是很小的善事，但是卻保住了全莊人的性命！

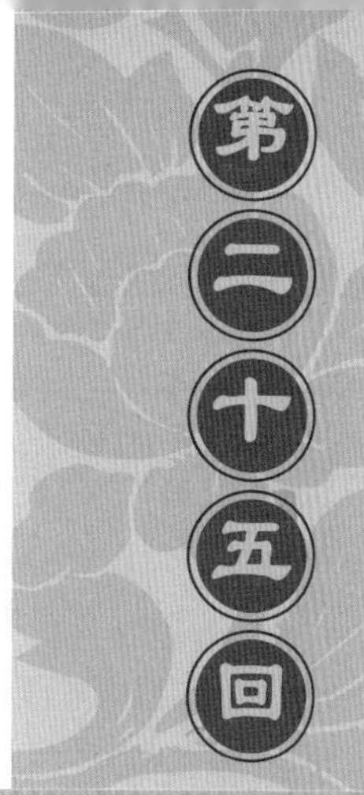

rù yún lóng jiù jí

入雲龍救急

提問

sòng jiāng shùn lì jiù chu chái jìn le ma
1. 宋江順利救出柴進了嗎？

dài zōng hé lǐ kuí zhǎo dào gōng sūn shèng le ma
2. 戴宗和李逵找到公孫勝了嗎？

bù jiǔ hòu sòng jiāng jiā xiāng de liǎng wèi dū tóu léi héng hé zhū tóng yě lù xù tóu bèn liáng shān liáng shān rì jiàn xīng shèng zhè rì dài zōng dài lai le chái dà guān rén chái jìn zài gāo táng zhōu bèi xiàn hài guān rù sǐ láo de xiāo xi chái jìn duì zhòng rén dōu yǒu ēn sòng jiāng jí kè dài shang èr shí èr gè tóu lǐng diǎn qi bīng mǎ qù yíng jiù

不久後，宋江家鄉的兩位都頭雷橫①和朱仝②也陸續投奔梁山，梁山日漸興盛。這日，戴宗帶來了柴大官人柴進在高唐州被陷害關入死牢的消息。柴進對衆人都有恩，宋江即刻帶上二十二個頭領，點起兵馬去營救。

guān yā chái jìn de gāo lián tīng shuō liáng shān rén mǎ lái le lěng xiào shuō nǐ men zhè huǒ cǎo zéi wǒ méi qù jiǎo

關押柴進的高廉聽説梁山人馬來了，冷笑説：「你們這伙草賊，我没去剿

①【雷橫】

天退星雷橫原是打鐵匠，因他臂力過人，一躍有二三丈遠，綽號插翅虎。爲人孝順，因見母親被欺，失手殺人，投奔梁山。在梁山與朱仝把守山前南路第三關。後隨宋江征討方臘時戰亡。梁山排名第二十五位，步軍頭領第四員。

②【朱仝】

天滿星朱仝，他身高八尺四五，留了一尺五寸長的虎鬚髯，猶如關羽再世，故用了關羽的綽號，叫美髯公。征方臘成功回京後，他被封爲保定府都統制，後隨劉光世破了大金，官至節度使。梁山排名第十二位，馬軍八虎騎第六員。

miè nǐ men jīn rì dào sòng shang mén lai zhēn shì tiān zhù wǒ
滅你們，今日倒送上門來，真是天助我

yě yuán lái gāo lián huì yāo shù tā jiàn dǎ bu guò liáng
也！」[①] 原來高廉會妖術，他見打不過梁

shān hǎo hàn biàn niàn qi zhòu yǔ dùn shí kuáng fēng luàn zuò
山好漢，便念起咒語，頓時狂風亂作，

fēi shā zǒu shí zhǐ jiàn hǔ bào chéng qún rú lóng sì mǎng
飛沙走石，只見虎豹成羣、如龍似蟒，

sòng jiāng děng rén dōu jīng dāi le duó lù ér táo
宋江等人都驚呆了，奪路而逃。

sòng jiāng pài dài zōng qù qǐng gōng sūn shèng fǒu zé bì
宋江派戴宗去請公孫勝，否則必

bài wú yòng suàn zhǔn gāo lián yào dài rén yè xí tè mái fú
敗。吳用算準高廉要帶人夜襲，特埋伏

le bīng mǎ jiāng tā shè shāng zhēng qǔ shí jiān qù xún gōng sūn
了兵馬將他射傷。爭取時間去尋公孫

shèng lǐ kuí chǎo zhe yào qù dài zōng shuō yào yí lù chī sù
勝。李逵吵着要去，戴宗説要一路吃素，

lǐ kuí mǎn kǒu dā ying yú shì liǎng rén gǎn jǐn shàng lù
李逵滿口答應。於是兩人趕緊上路。

dài zōng de shén xíng shù zhǐ yào jiāng jiǎ mǎ shuān zài
戴宗的神行術，只要將甲馬[②] 拴在

tóng bàn tuǐ shang jiù néng hé tā zǒu de yí yàng kuài wǎn shang
同伴腿上，就能和他走得一樣快。晚上

lǐ kuí chī de hěn shǎo dài zōng xiào zhe xiǎng yí dìng shì tōu tōu
李逵吃得很少，戴宗笑着想：一定是偷偷

chī ròu qù le kàn wǒ míng tiān shuǎ shua tā cì rì dài
吃肉去了，看我明天耍耍他。次日，戴

zōng shuō jīn tiān yào gǎn lù nǐ ná jǐn bāo fu zài qián
宗説：「今天要趕路，你拿緊包袱，在前

①【關押柴進的高廉聽説梁山人馬來了，冷笑説：「你們這伙草賊，我沒去剿滅你們，今日倒送上門來，真是天助我也！」】

分析：高廉的一番話，讓人感覺到他有勝過梁山的把握，更能引起讀者的興趣。

②【甲馬】

也叫紙馬，手繪的彩色神像，因爲上面的神像大多披甲騎馬，故叫甲馬。

miàn jiǔ diàn děng wǒ yú shì zuò qi fǎ lai wǎng lǐ kuí tuǐ
面酒店等我。」於是作起法來，往李逵腿
shang yì chuī lǐ kuí shuǎi kai jiao bù yóu rú téng yún jià wù
上一吹。李逵甩開腳步，猶如騰雲駕霧
yì bān fēi shì de qù le dài zōng gēn zài hòu miàn
一般飛似的去了。戴宗跟在後面。

lǐ kuí yí lù kuáng bēn cóng pò xiǎo lí míng yì zhí zǒu
李逵一路狂奔，從破曉黎明一直走
dào xī yáng xī xià jiù shì tíng bu xià lái tā yòu è yòu
到夕陽西下，就是停不下來，他又餓又
fá chuǎn zuò yì tuán bú zhù qiú ráo dài zōng shuō bì shì tā
乏，喘作一團，不住求饒。戴宗說必是他
tōu chī hūn xīng cái shǐ fǎ bǎo shī líng lǐ kuí xīn xū jiào
偷吃葷腥，才使法寶失靈，李逵心虛，叫
qi zhuàng tiān qū lai yòu zǒu le huì er dài zōng xiào shuō
起撞天屈①來。又走了會兒，戴宗笑說：
nǐ hái gǎn zài mán zhe wǒ chī hūn ma lǐ kuí shuō nǐ shì
「你還敢再瞞着我吃葷嗎？」李逵說：「你是
wǒ qīn yé ye wǒ zài bù gǎn le dài zōng cái tíng le zhè
我親爺爺，我再不敢了。」②戴宗才停了這
fǎ dài tā chī fàn qù le
法，帶他吃飯去了。

dài zōng hé lǐ kuí zhōng yú zài èr xiān shān shang zhǎo dào
戴宗和李逵終於在二仙山上找到
le gōng sūn shèng tā de shī fu luó zhēn rén hái jiāo le pò jiě
了公孫勝，他的師父羅真人還教了破解
zhī fǎ lǐ kuí pèng dào dǎ tiě jiàng tāng lóng jué de shān zhài
之法。李逵碰到打鐵匠湯隆，覺得山寨
néng yòng shang tā jiù yāo tā tóng xíng
能用上他，就邀他同行。

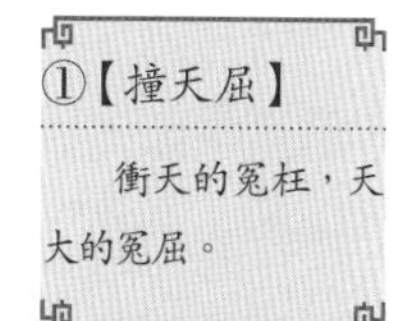
①【撞天屈】

衝天的冤枉，天大的冤屈。

②【李逵說：「你是我親爺爺，我再不敢了。」】

分析：這一段戴宗戲耍李逵的描述，極大地增加了故事的趣味性。

gāo lián guǒ rán bú shì gōng sūn shèng de duì shǒu tā lián
高廉果然不是公孫勝的對手，他連

chī bài zhàng yè jiān tōu xí yě sǔn bīng zhé jiàng tā jiàn qíng
吃敗仗，夜間偷襲也損兵折將。他見情

kuàng bú miào jí máng xiě xìn xiàng lín jìn zhōu fǔ qiú jiù
況不妙，急忙寫信向鄰近州府求救。

wú yòng suǒ xìng lái gè jiāng jì jiù jì jié zhù sòng xìn de rén
吳用索性來個將計就計，截住送信的人，

ràng liáng shān hǎo hàn bàn chéng jiù bīng zhí jiē qǔ le gāo táng
讓梁山好漢扮成救兵，直接取了高唐

zhōu gāo lián bèi bī zǒu tóu wú lù huāng máng niàn zhòu jià
州。高廉被逼走投無路，慌忙念咒，駕

zhe yí piàn hēi yún xiǎng yào táo zǒu gōng sūn shèng jí shí chū
着一片黑雲想要逃走，公孫勝及時出

shǒu gāo lián cóng yún zhōng dào zāi cōng yí yàng diào xia lai
手，高廉從雲中倒栽葱一樣掉下來，

bèi léi héng yì dāo kǎn sǐ sòng jiāng shuài bīng gōng jìn gāo táng
被雷橫一刀砍死。宋江率兵攻進高唐

zhōu jiù chu le chái jìn
州，救出了柴進。

名師小講堂

有些事努力做了，卻沒成功；當別人再讓你做時，你是否還願意？戴宗給我們上了很好的一課。通過他再次去尋公孫勝，我們發現他很多優秀的品質：不發怨言、馬上行動、盡力而爲。這種人終能成功。

tōu jiǎ zuàn xú níng

偷甲賺徐寧

提問

cháo tíng pài chu dà jiàng liángshān dǎ de guò ma

1. 朝廷派出大將，梁山打得過嗎？

xú níng yǒu shén me běn shi

2. 徐寧有甚麼本事？

cǐ shì jīng dòng le cháo tíng huáng shang pài chu kāi guó
此事驚動了朝廷，皇上派出開國

míng jiàng hū yán zàn dí pài zǐ sūn rén chēng shuāng biān hū
名將呼延贊嫡派①子孫，人稱雙鞭呼

yán zhuó hái yǒu bǎi shèng jiāng jūn hán tāo hé tiān mù jiāng jūn
延灼②，還有百勝將軍韓滔和天目將軍

péng qǐ lǐng jūn bā qiān jiǎo miè liángshān
彭玘領軍八千剿滅梁山。

liáng shān hǎo hàn dé dào xiāo xi jī jí bèi zhàn dì
梁山好漢得到消息，積極備戰。第

yī zhàn liáng shān zhòng jiàng xiān hòu shàng chǎng hù sān niáng
一戰，梁山衆將先後上場，扈三娘

yòng hóng jǐn tào suǒ jiāng péng qǐ gěi shēng qín le hán tāo tīng
用紅錦套索將彭玘給生擒了。韓滔聽

shuō péng qǐ bèi zhuō lì kè pài chu sān qiān lián huán mǎ zhè
說彭玘被捉，立刻派出三千連環馬。這

①【嫡派】

此處指家族相傳的正支。嫡，親的，血統中最近的，正宗的。

②【呼延灼】

天威星呼延灼因會使兩條銅鞭，綽號雙鞭。在梁山與楊志共同守衛正北旱寨。征方臘成功後，呼延灼任御營指揮使。年老時領軍抗金，出軍殺至淮西，以身殉國。梁山排名第八位，馬軍五虎將第四員。

連環馬全身重甲，環環相連，刀槍不入。梁山兵馬難以抵擋，大敗而歸。[1]

次日，連環馬又令宋江大敗一場，他連忙收兵，要不是水軍及時救應，他們險些被抓。高俅見呼延灼如此能征善戰，非常高興，馬上批准他的請求，派出宋朝第一炮手凌振[2]。

凌振的火炮令梁山眾人深爲忌憚，晁蓋眉頭一皺，計上心來。他安排水軍帶船去驚動凌振。凌振一見這麼多船非常高興，急忙命令軍兵上船，好殺向梁山。哪知船駛到江心，水底潛伏的水軍把船尾的楔子一拔，水嘩嘩湧進船艙，没一會兒就船翻人沉。阮小二[3]一把抱住凌振，將他生擒。呼延灼趕來已

①【梁山兵馬難以抵擋，大敗而歸。】

分析：没想到梁山也有失敗的時候，故事的曲折，增加了其生動性。

②【凌振】

地軸星凌振乃宋朝盛世第一炮手，綽號轟天雷，善造火炮，能打十五里遠。炮落之處，天崩地陷，山倒石裂。梁山排名第五十二位。征方臘成功後，他被火藥局留下任用。

③【阮小二】

天劍星阮小二，綽號立地太歲（指惹不起的人）。在梁山與李俊共同鎮守東南水寨。他有勇有謀，武藝出衆、水戰出色。阮氏三雄個個英勇，敢爲兄弟赴湯蹈火。征方臘時他不願被抓，自刎而死。梁山排名第二十七位，水軍頭領第四員。

wǎn qì de tā zhí duòjiǎo gānzháo jí
晚，氣得他直跺腳、乾着急。

sòng jiāng qīn zì lái gěi líng zhèn sōng bǎng lā zhe tā de
宋江親自來給凌振鬆綁，拉着他的

shǒu shàng le shān jìn le dà zhài péng qǐ shàng lai xiāng quàn
手上了山。進了大寨，彭玘上來相勸，

zhòng rén yě lái péi huà líng zhèn xiǎng jì yǐ bèi qín sǐ dōu
衆人也來陪話。凌振想：既已被擒，死都

shì yīng dāng de sòng tóu lǐng zhè bān háo mài yì qi kàn zhòng
是應當的，宋頭領這般豪邁義氣，看重

yú wǒ nán guài péng qǐ yě guī xiáng le tā biàn tóng yì guī
於我，難怪彭玘也歸降了。他便同意歸

shùn le
順了。

méi le líng zhèn zhǐ yào duì fu le lián huán mǎ jiù néng
沒了凌振，只要對付了連環馬，就能

pò dí dǎ tiě de tāng lóng shuō gē ge lián huán mǎ yòng
破敵。打鐵的湯隆說：「哥哥，連環馬用

gōu lián qiāng néng pò wǒ jiā yǒu gōu lián qiāng de huà yàng ruò
鈎鐮槍能破。我家有鈎鐮槍的畫樣，若

xū dǎ zào lì jí jiù kě dòng shǒu zhǐ shì xiǎo de huì dǎ
需打造，立即就可動手。只是小的會打，

bú huì shǐ ér huì shǐ zhè gōu lián qiāng de zhǐ yǒu wǒ biǎo gē
不會使。而會使這鈎鐮槍的，只有我表哥

xú níng yì rén lín chōng jiàn guo cǐ rén máng wèn zěn
徐寧①一人。」林沖見過此人，忙問：「怎

me néng ràng xú níng shàng shān ne tāng lóng shuō wǒ biǎo
麼能讓徐寧上山呢？」湯隆説：「我表

gē xú níng yǒu yí gè chuán jiā bǎo shì yàn líng quān jīn jiǎ
哥徐寧有一個傳家寶，是雁翎圈金甲。

zhè jiǎ jǔ shì wú shuāng pī zài shēn shang dāo jiàn bú rù tā
這甲舉世無雙，披在身上刀劍不入。他

ài jiǎ rú mìng ruò néng nòng dào zhè jiǎ jiù bù chóu tā bù lái
愛甲如命，若能弄到這甲，就不愁他不來

le wú yòng xiào shuō nà kě jiǎn dān le shān zhài zhèng
了。」吳用笑説：「那可簡單了，山寨正

yǒu yí wèi gāo shǒu shí qiān gāi nǐ dà xiǎn shēn shǒu le
有一位高手。時遷，該你大顯身手了。」

shí qiān nǎi shì miào shǒu shén tōu tā cǎi hǎo diǎn suàn
時遷乃是妙手神偷，他踩好點，算

hǎo shí jiān qīng ér yì jǔ jiù bǎ ruǎn jiǎ tōu lai le lù shang
好時間，輕而易舉就把軟甲偷來了。路上

dài zōng lái yíng tā jiāng nà ruǎn jiǎ jiāo gěi dài zōng zhǐ tí zhe
戴宗來迎，他將那軟甲交給戴宗，只提着

kōng pí xiá zài yán lù de jiǔ diàn mén shang huà quān er zuò jì
空皮匣，在沿路的酒店門上畫圈兒做記

hao yǐn de tāng lóng dài xú níng lái xún
號，引得湯隆帶徐寧來尋。

①【徐寧】

天佑星徐寧因其善使鈎鐮槍，又在朝廷金槍班做教頭，綽號金槍手。在梁山時與關勝鎮守正東旱寨。征討方臘時，在杭州爲救郝思文，中毒箭，正趕上安道全被調回東京，半個月後身亡。梁山排名第十八位，馬軍八虎騎第二員。

cì rì tānglóng jiǎ yì qù xú níng jiā bài fǎng zhuāng zuò
次日，湯隆假意去徐寧家拜訪，裝作
gāng gāng dé zhī tā diū le bǎo bèi biàn quàn tā bú yào bào guān
剛剛得知他丟了寶貝。便勸他不要報官，
zhǐ guǎn qù xún jiù zhè yàng tānglóng yì zhí jiāng xú níng yǐn
只管去尋。就這樣，湯隆一直將徐寧引
dào liáng shān jiǎo xià yòu yòng yào jiǔ jiāng tā guàn dǎo dài
到梁山腳下，又用藥酒將他灌倒，帶
shang liáng shān xú níng xǐng lai chī le yì jīng sòng jiāng hé
上梁山。徐寧醒來，吃了一驚。宋江和
lín chōng fēn fēn xiāng quàn tā běn shì tiān gāng dì shà zì rán
林沖紛紛相勸，他本是天罡地煞，自然
yì qì xiāng tóu jiù tóng yì liú xia le xú níng rèn zhēn jiāo
意氣相投，就同意留下了。徐寧認真教
le gōu lián qiāng de yòng fǎ qī bǎi gè jīng bīng zhòu yè liàn
了鈎鐮槍的用法，七百個精兵晝夜練
xí bàn gè yuè yǐ jīng chún shú kàn lái pò dí de shí kè dào
習，半個月已經純熟，看來破敵的時刻到
le
了。

名師小講堂

「兵來將擋，水來土掩」，不論對方有甚麼手段，總有辦法對付。就像面對呼延灼的連環馬，大家真感棘手，但最終也能解決。所以遇事不要慌，不要急，多請教別人，多開動腦筋，辦法總會有的！

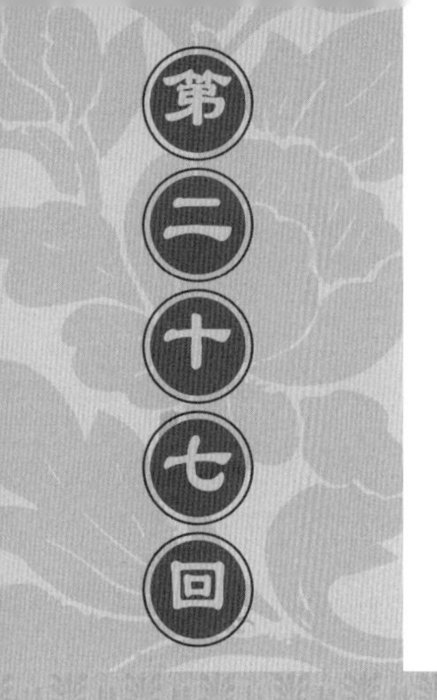

mìng sàng zēng tóu shì
命喪曾頭市

提問

wèi shén me sān shān de rén mǎ dōu tóu bèn le liáng shān
1. 為甚麼三山的人馬都投奔了梁山？

cháo gài wèi shén me qù zēng tóu shì
2. 晁蓋為甚麼去曾頭市？

yǒu le xú níng de bāng zhù zhòng hǎo hàn dà pò lián huán mǎ shēng qín le hán tāo zǒu tóu wú lù de hū yán zhuó táo wǎng qīng zhōu qīng zhōu zhī fǔ xiǎng jiè hū yán zhuó zhī shǒu jiǎo miè jìng nèi de táo huā shān èr lóng shān hé bái hǔ shān sān zuò shān shang de zéi kòu zhè sān zuò shān shang de shǒu lǐng qià hǎo shì yǔ liáng shān pō dà yǒu jiāo qing de lǔ zhì shēn zhāng qīng děng rén tā men bù dí cháo tíng bīng mǎ jí tǐ tóu bèn le liáng shān sān

有了徐寧的幫助，眾好漢大破連環馬，生擒了韓滔，走投無路的呼延灼逃往青州。青州知府想借呼延灼之手剿滅境內的桃花山、二龍山和白虎山三座山上的賊寇。這三座山上的首領恰好是與梁山泊大有交情的魯智深、張青等人，他們不敵朝廷兵馬，集體投奔了梁山。三

shān hǎo hàn yǔ liáng shān pō lián shǒu pò le qīng zhōu xiáng fú le
山好漢與梁山泊聯手破了青州，降伏了

hū yán zhuó
呼延灼。

bù jiǔ tā men yòu shōu le fán ruì xiàng chōng hé lǐ gǔn
不久他們又收了樊瑞、項充和李袞。

zhè tiān sòng jiāng zài lù shang yù dào yí gè chì fà huáng xū de
這天，宋江在路上遇到一個赤髮黃鬚的

rén tā jiào duàn jǐng zhù shàn cháng shí mǎ dào mǎ tā zuì
人，他叫段景住①，擅長識馬盜馬。他最

jìn dào dé dà jīn wáng zǐ de zuò qí jiào zhào yè yù shī zi
近盜得大金王子的坐騎，叫「照夜玉獅子

mǎ běn xiǎng xiàn gěi sòng jiāng zuò wéi jìn shēn zhī yòng méi
馬」，本想獻給宋江作爲進身②之用。没

xiǎng dào jīng guò líng zhōu de zēng tóu shì bèi zēng jiā wǔ hǔ duó
想到經過淩州的曾頭市，被曾家五虎奪

le qu sòng jiāng ān wèi duàn jǐng zhù yāo tā shàng shān yòu
了去。宋江安慰段景住，邀他上山，又

pài dài zōng qù dǎ tàn qíng kuàng
派戴宗去打探情況。

sì tiān hòu dài zōng huí lai bǐng bào zēng tóu shì de zēng
四天後戴宗回來稟報：曾頭市的曾

jiā shì lì zuì dà jù yǒu wǔ qiān duō rén mǎ jiā zhōng wǔ gè
家勢力最大，聚有五千多人馬，家中五個

ér zi hào chēng zēng jiā wǔ hǔ tā men de shī fu shǐ wén gōng
兒子號稱曾家五虎。他們的師父史文恭

gōng fu gāo shēn zhào yè yù shī zi mǎ xiàn shì tā de zuò qí
功夫高深，照夜玉獅子馬現是他的坐騎。

tā men yǔ liáng shān shì bù liǎng lì hái biān le yì shǒu tóng
他們與梁山勢不兩立，還編了一首童

①【段景住】

地狗星段景住因赤髮黃鬚，被稱爲金毛犬（綽號）。他擅長識馬盜馬馴馬，又精通蒙古語、遼國語等，在破遼時發揮了長項。征方臘時，駛入錢塘江時遇風，船破淹死。梁山排名第一百零八位。

②【進身】

此處指衆人慕名而來，盼望在梁山入伙。

yáo jiāo dāng dì de xiǎo hái qí zhōng yǒu jǐ jù shì sǎo dàng
謠教當地的小孩，其中有幾句是「掃蕩

liáng shān qīng shuǐ pō jiǎo chú cháo gài shàng dōng jīng shēng
梁山清水泊，剿除晁蓋上東京①！生

qín jí shí yǔ huó zhuō zhì duō xīng zēng jiā shēng wǔ hǔ
擒及時雨，活捉智多星！曾家生五虎，

tiān xià jìn wén míng
天下盡聞名！」

cháo gài tīng de bó rán dà nù qīn zì diǎn qi wǔ qiān
晁蓋聽得勃然大怒，親自點起五千

bīng mǎ zhí bèn zēng tóu shì dì yī zhàn shuāng fāng dōu yǒu
兵馬，直奔曾頭市。第一戰，雙方都有

sǔn shāng cháo gài jiàn chū shī bú lì xīn qíng bù jiā jiē zhe
損傷，晁蓋見出師不利，心情不佳。接着

yì lián sān tiān zēng jiā dōu bù chū bīng cháo gài děng de xīn jiāo
一連三天，曾家都不出兵，晁蓋等得心焦

qì zào dì sì rì lái le liǎng gè hé shang shuō shòu jìn le zēng
氣躁。第四日來了兩個和尚，說受盡了曾

jiā wǔ hǔ de qī wǔ tè lái zhù cháo gài yí bì zhī lì lín
家五虎的欺侮，特來助晁蓋一臂之力。林

chōng wéi kǒng yǒu zhà hé shang què shuō chū jiā rén zěn gǎn
沖唯恐有詐，和尚卻說：「出家人怎敢

wàng yǔ cháo gài dà xǐ jué dìng wǎn shang gēn zhe hé shang
妄語？」晁蓋大喜，決定晚上跟着和尚

qù jié zhài lín chōng kǔ kǔ xiāng quàn cháo gài què bù tīng
去劫寨。林沖苦苦相勸，晁蓋卻不聽。

dàng wǎn tā men gēn zhe hé shang jìn le zēng tóu shì zǒu
當晚他們跟着和尚進了曾頭市。走

le wǔ lǐ lù tū rán liǎng gè hé shang dōu bú jiàn le zōng jì
了五里路，突然兩個和尚都不見了蹤跡。

①【東京】古都名，北宋的國都開封。也叫京師、京城。

zhòng rén yí jiàn guǒ rán zhòng jì dōu huāng le qǐ lái jí
眾人一見果然中計，都慌了起來，急
máng fǎn huí jiù zài zhè shí zhǐ tīng sì zhōu jīn gǔ qí míng
忙返回。就在這時，只聽四周金鼓齊鳴，
hǎn shēng zhèn tiān dào chù huǒ bǎ luàn shǎn luàn jiàn rú yǔ diǎn
喊聲震天，到處火把亂閃，亂箭如雨點
bān shè lai qí zhōng yí jiàn zhèng zhòng cháo gài zuǒ liǎn cháo
般射來，其中一箭正中晁蓋左臉，晁
gài dāng jí diē xia mǎ lai hū yán zhuó děng rén pīn sǐ xiāng
蓋當即跌下馬來。呼延灼等人拼死相
jiù yì zhí shā dào tiān míng cái tuì huí yíng qu
救，一直殺到天明，才退回營去。

lín chōng wú xīn liàn zhàn dài zhe zhòng rén huí le liáng
林沖無心戀戰，帶着眾人回了梁
shān cháo gài zhòng de shì zhī dú jiàn jiàn shang kè zhe shǐ wén
山。晁蓋中的是支毒箭，箭上刻着史文
gōng de zì yàng suī rán chūn huí dà dì fēng hé rì nuǎn dàn
恭的字樣。雖然春回大地，風和日暖；但
liáng shān dà zhài zhōng hán yì xí rén xīn
梁山大寨中，寒意襲人心。①

①【雖然春回大地，風和日暖；但梁山大寨中，寒意襲人心。】

分析：對比的寫法，烘託出英雄即將離世的悲傷氣氛。

名師小講堂

所謂「藝高人膽大」，愈有本事的人，有時愈容易出現失誤。呼延灼和晁蓋的失敗，都是仗着自己有本事，急於求成，反而將自己搭了進去。所以要想立於不敗之地，不但要有本事，還要有智慧。

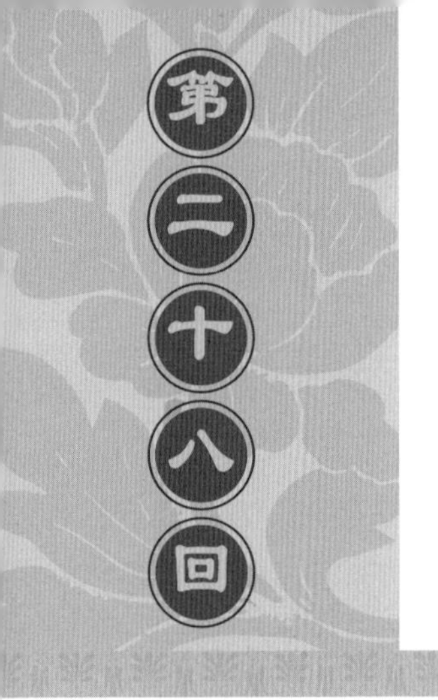

yù qí lín shàng dàng
玉麒麟上當

提問

yù qí lín shì shéi tā zěn me shàng de liángshān
1. 玉麒麟是誰，他怎麼上的梁山？
tā de jiā li fā shēng le shén me shì
2. 他的家裏發生了甚麼事？

dào le yè li sān gēng cháo gài shēn tǐ chén zhòng zhuǎn tóu duì sòng jiāng shuō xián dì bǎo zhòng ruò nǎ ge zhuō dào shè sǐ wǒ de biàn ràng tā zuò liáng shān pō zhī zhǔ shuō wán jiù míng mù ér sǐ dà jiā huí xiǎng qi cháo gài wǎng rì de ēn qíng bù jīn lèi rú yǔ xià

到了夜裏三更，晁蓋身體沉重，轉頭對宋江說：「賢弟保重。若哪個捉到射死我的，便讓他做梁山泊之主！」說完就瞑目而死。大家回想起晁蓋往日的恩情，不禁淚如雨下。

zhòng rén wèi cháo gài dà bàn sāng shì yīn jū sāng qī jiān bù kě qīng dòng bào chóu de shì zhǐ hǎo děng dào bǎi rì zhī hòu

衆人爲晁蓋大辦喪事，因居喪期間不可輕動，報仇的事只好等到百日之後。

zhòng rén tuī jǔ sòng jiāng xiān zuò shǒu wèi sòng jiāng tuī tuō bú

衆人推舉宋江先坐首位。宋江推託不

diào zàn shí yìng le yí rì sòng jiāng hé wú yòng xiǎng qi
掉，暫時應了。一日，宋江和吳用想起

yì rén nǎi shì yù qí lín lú jùn yì tā shì běi jīng dà míng
一人，乃是玉麒麟盧俊義[1]，他是北京大名

fǔ dì yī děng zhǎng zhě yì gēn gùn bàng shǐ de chū shén rù
府第一等長者。一根棍棒使得出神入

huà tiān xià wú shuāng wú yòng xiōng yǒu chéng zhú néng qǐng tā
化[2]，天下無雙。吳用胸有成竹能請他

shàng shān
上山。

jǐ rì hòu wú yòng bàn chéng dào shi lǐ kuí bàn chéng
幾日後，吳用扮成道士，李逵扮成

dào tóng lái dào běi jīng chéng chéng zhōng xiǎo hái kàn jiàn lǐ kuí de
道童來到北京城。城中小孩看見李逵的

huá jī yàng zi dōu gēn zài hòu miàn hōng xiào wài miàn nào hōng
滑稽樣子，都跟在後面哄笑。外面鬧哄

hōng de yǐn qǐ le lú jùn yì de zhù yì tā qǐng wú yòng liǎng
哄的，引起了盧俊義的注意。他請吳用兩

rén lái gěi tā suàn mìng wú yòng chēng tā bǎi rì zhī nèi bì yǒu
人來給他算命。吳用稱他百日之內，必有

xuè guāng zhī zāi yào wǎng dōng nán fāng xiàng zǒu dào yì qiān lǐ
血光之災。要往東南方向走到一千里

zhī wài cái kě miǎn zāi tā yòu liú xia sì jù guà shī lú huā
之外才可免災。他又留下四句卦詩：蘆花

cóng li yì piān zhōu jùn jié é cóng cǐ dì yóu yì shì ruò néng
叢裏一扁舟，俊傑俄從此地游。義士若能

zhī cǐ lǐ fǎn gōng táo nàn kě wú yōu tā ràng lú jùn yì xiě zài
知此理，反躬逃難可無憂。他讓盧俊義寫在

qiáng shang bǎo zhèng yǐ hòu yìng yàn
牆上，保證以後應驗。

①【盧俊義】

天罡星盧俊義爲人非理不爲，非財不取，家世清白，藝高人膽大。因爲相貌豐偉、武藝高超而得到「玉麒麟」的雅號，原是河北的富商，後爲梁山第二首領，乃人中龍鳳。征討遼國、田虎、王慶、方臘，名聲大振。最終被奸臣害死。

②【出神入化】

神：神通。化：化境。形容技藝高超，達到了絕妙的境界。

wú yòng zǒu hòu　lú jùn yì yì zhí xīn shén bù níng　tā
吳用走後，盧俊義一直心神不寧，他

jiāng zì jǐ de xīn fù yān qīng　liú xia kān jiā　dài zhe dà guǎn
將自己的心腹燕青[1]留下看家，帶着大管

jiā lǐ gù děng rén　gào bié fū rén jiǎ shì　qù tài shān shāo xiāng
家李固等人，告別夫人賈氏，去泰山燒香。

wǎng dōng nán fāng xiàng qù　bì jīng guò liáng shān　jǐ rì hòu
往東南方向去，必經過梁山。幾日後，

zài liáng shān jiǎo xià de shù lín li　lǐ kuí yì shēng dà hǒu bèng
在梁山脚下的樹林裏，李逵一聲大吼蹦

chu lai　xiào dào　lú yuán wài　hái jì de yǎ dào tóng ma
出來，笑道:「盧員外，還記得啞道童嗎？

nǐ zhòng le ǎn jūn shī de miào jì　kuài shàng shān lái zuò bǎ jiāo
你中了俺軍師的妙計，快上山來坐把交

yǐ　lú jùn yì yì jīng　zhēn ràng yān qīng cāi duì le　tā shàng
椅！」盧俊義一驚，真讓燕青猜對了，他上

le liáng shān de dàng　dùn shí qì de hú zi dōu fēi le　tā
了梁山的當！[2]頓時氣得鬍子都飛了！他

①【燕青】

天巧星燕青，武藝、才貌、技藝樣樣出衆。他自小父母雙亡，盧員外將他養大，綽號浪子。他與柴進、戴宗屢次出色完成梁山的外交活動。梁山排名第三十六位，步軍頭領第六員。平方臘後，他感於政治紛爭複雜難測，便隱退於世間。

②【盧俊義一驚，真讓燕青猜對了，他上了梁山的當！】

分析：只一句描述，就顯露出燕青的絕頂聰明。

dà tà bù lái dòu lǐ kuí lǐ kuí dōngshǎn xī duǒ bú jiàn le
大踏步來鬥李逵，李逵東閃西躲不見了。

jǐn jiē zhe lǔ zhì shēn wǔ sōng mù hóng děng rén yí gè gè
緊接着魯智深、武松、穆弘等人一個個

bèng chu lai lú jùn yì quán rán bù huāng yuè dòu yuè yǒng jīng
蹦出來，盧俊義全然不慌，愈鬥愈勇。經

guò yí xià wǔ de zhē teng jià bu zhù rén duō shì zhòng tā de dōng
過一下午的折騰，架不住人多勢衆，他的東

xi hé jiā rén dōu bèi jié zǒu le zì jǐ yě bèi qín míng lín chōng
西和家人都被劫走了。自己也被秦明、林沖

dài bīng bī dào shuǐ biān tā bú huì shuǐ zuì hòu bèi lǐ jùn hé
帶兵逼到水邊。他不會水，最後被李俊和

zhāng shùn shēng qín le
張順生擒了。

dào le dà zhài tā jiàn sòng jiāng wú yòng děng rén guì xia
到了大寨，他見宋江、吳用等人跪下

péi zuì yòu yǐ lǐ xiāng dài qì yě xiāo le dàn shì nìng sǐ
賠罪，又以禮相待，氣也消了，但是寧死

bú yuàn luò cǎo wéi kòu zhòng rén yě bù miǎn qiǎng zhǐ shì wǎn liú
不願落草爲寇。衆人也不勉强，只是挽留

tā duō zhù jǐ tiān ràng lǐ gù xiān huí jiā bào píng ān lú jùn yì
他多住幾天，讓李固先回家報平安。盧俊義

méi xiǎng dào de shì wú yòng duì lǐ gù shuō nǐ jiā zhǔ rén zǎo
没想到的是，吳用對李固説：「你家主人早

zài jiā li de qiáng shang xiě le cáng tóu shī nà shī měi jù de dì
在家裏的牆上寫了藏頭詩，那詩每句的第

yī gè zì lián qi lai jiù shì lú jùn yì fǎn bú yào zhǐ wàng
一個字連起來就是『盧俊義反』。不要指望

tā zài huí qu le
他再回去了。」

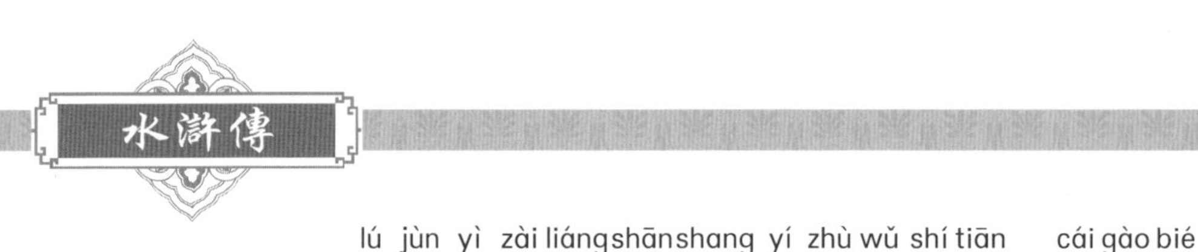

lú jùn yì zài liáng shān shang yí zhù wǔ shí tiān cái gào bié
盧俊義在梁山上一住五十天，才告別

huí qu dào le chéng jiāo tā ǒu yù yān qīng zhǐ jiàn tā miàn
回去。到了城郊，他偶遇燕青，只見他面

róng qiáo cuì yī shān lán lǚ yuán lái tā de jiā zhōng zǎo yǐ
容憔悴，衣衫襤褸[1]。原來他的家中早已

fā shēng dà biàn gù lǐ gù yì zhí yǔ jiǎ shì yǒu sī qíng zhè cì
發生大變故。李固一直與賈氏有私情，這次

zhèng hǎo jiè jī jǔ bào lú jùn yì móu fǎn bà zhàn le suǒ yǒu jiā
正好藉機舉報盧俊義謀反，霸佔了所有家

chǎn yòu bǎ yān qīng hōng zǒu yān qīng pà cuò guo zhǔ rén yì
產，又把燕青轟走。燕青怕錯過主人，一

zhí qǐ tǎo wéi shēng zài cǐ děng hòu lú jùn yì jiǎn zhí nán yǐ zhì
直乞討爲生，在此等候。盧俊義簡直難以置

xìn fēi yào huí qu kàn kan
信，非要回去看看。

①【襤褸】指衣服破爛，不堪入目。

名師小講堂

燕青的忠誠令人感動！爲不讓主人陷入牢營，他怕錯過主人回京，一個多月靠乞討爲生。他的忠實與李固的背叛形成强烈反差：李固雖享榮華卻令人不齒；燕青雖衣衫破爛卻令人敬佩。

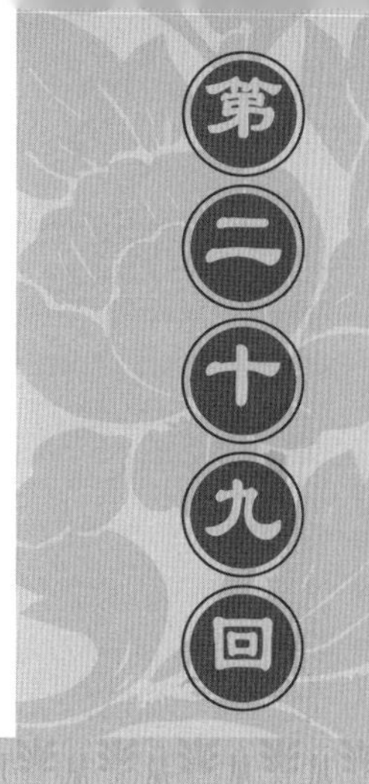

衆英雄歸降

zhòng yīng xióng guī xiáng

提問

1. 官府是怎麼處置盧俊義的？
2. 都有哪些英雄歸降了梁山？

果不其然，盧俊義前腳剛進家門，後腳就被官府抓走了。李固買通了官府衙門，將盧俊義痛打屈招，扔進死牢。多虧梁山好漢上下打點，免了死罪，被刺配三千里外的沙門島①。

押送他的公差收了李固的錢，要在路上解決了盧俊義。幸好燕青及時趕到，用箭射死了兩人，救下盧俊義。不料兩個

①【沙門島】在山東煙台沿海，因島上廟宇衆多，佛門又名「沙門」，故稱沙門島。

官差的屍體被人發現報了官，盧俊義又被抓走。燕青去梁山求救，遇到前來打探情況的楊雄和石秀。石秀決定留下，楊雄帶燕青趕回梁山。石秀剛進北京，就得知盧俊義要被斬首的噩耗，他決定豁出去了，劫法場！

午時三刻一到，石秀高喊一聲：「梁山好漢全都在此！」嚇得梁中書及眾人屁滾尿流地逃了。石秀從酒樓上跳下來，拽着盧俊義，手舉鋼刀，一連殺翻十幾個。①無奈他不熟悉北京的道路，盧俊義腳傷未愈，兩人都被抓了回來。

宋江聽說盧俊義有難，立刻帶兵直取大名府，將官兵殺得一敗塗地。梁中書慌忙給老丈人蔡京寫信，請求支援。

①【石秀從酒樓上跳下來，拽着盧俊義，手舉鋼刀，一連殺翻十幾個。】

分析：通過此處的描寫，一個武功非凡的拼命三郎形象躍然紙上。

cài tài shī pài chu guān dì yé de dí pài zǐ sūn guān shèng
蔡太師派出關帝爺[1]的嫡派子孫關勝[2]。

guān shèng wǔ yì chāo qún yòu dǒng bīng fǎ tā yòng le wéi
關勝武藝超羣，又懂兵法。他用了圍

wèi jiù zhào zhī jì zhí jiē gōng dǎ sòng jiāng de lǎo cháo liáng
魏救趙[3]之計，直接攻打宋江的老巢梁

shān pō bī tā tuì bīng
山泊，逼他退兵。

sòng jiāng jí máng chè bīng gǎn hui liáng shān guān shèng
宋江急忙撤兵，趕回梁山，關勝

wǔ yì gāo qiáng wú yòng shè jì jiāng tā yǔ bù xià xuān zàn hǎo
武藝高强，吳用設計將他與部下宣贊、郝

sī wén yì qǐ qín zhù tā men jiàn sòng jiāng yǒu qíng yǒu yì
思文一起擒住。他們見宋江有情有義，

yǔ guān chǎng shang de rén dà bù xiāng tóng dōu bèi gǎn dòng
與官場上的人大不相同，都被感動，

yì qǐ guī xiáng le
一起歸降了。

①【關帝爺】

即關羽，因被道教神化，尊爲關公、關帝，稱其爲「三界伏魔大帝神威遠震天尊關聖帝君」，蓋廟奉祀。

②【關勝】

天勇星關勝，其武器青龍偃月刀是祖上關羽的武器，故綽號大刀。與徐寧守衛梁山正東旱寨。在大小戰鬥中表現卓越。征方臘回來後，被封爲大名府正兵馬總管，深得軍心。後喝醉而墮馬，得病而死。梁山排名第五位，馬軍五虎將之首。

③【圍魏救趙】

三十六計中相當精彩的一種智謀。原指戰國時齊軍用圍攻魏國的方法，迫使魏國撤回進攻趙國的部隊，而使趙國得救。現借指用襲擊敵人的後方，來迫使敵人撤兵的戰術。

sòng jiāng diàn jì shí xiù hé lú jùn yì jué dìng zài cì
宋江惦記石秀和盧俊義，決定再次

gōng dǎ dà míng fǔ kě shì yì lián shù rì pò bù liǎo chéng sòng
攻打大名府。可是一連數日破不了城，宋

jiāng jí huǒ gōng xīn zhǎng le bèi chuāng yǎn jiàn xìng mìng kān
江急火攻心，長了背瘡，眼見性命堪

yōu zhāng shùn xiǎng qi zì jǐ mǔ qīn de bèi jí shì shén yī ān
憂。張順想起自己母親的背疾是神醫安

dào quán gěi zhì hǎo de biàn lián yè gǎn wǎng jiāng sū qù
道全[1]給治好的，便連夜趕往江蘇，去

qǐng shén yī zhè yí lù yòu shì fēng yòu shì xuě yīn wèi pí
請神醫。這一路又是風，又是雪，因爲疲

fá hái chà diǎn bèi jiāng shang de jié fěi hài le xìng mìng zhāng
乏，還差點被江上的刦匪害了性命。張

shùn diàn jì gē ge gù bu shàng bào chóu qǐng dào ān dào quán
順惦記哥哥，顧不上報仇，請到安道全

jiù zǒu qiǎo de shì tā men huí chéng lù shang zhèng yù shang
就走。巧的是他們回程路上正遇上

céng hài zhāng shùn de jié fěi zhāng shùn zhí jiē bǎ tā kǔn le
曾害張順的刦匪，張順直接把他捆了，

rēng xia shuǐ qu jiàn le yánwang
扔下水去見了閻王。

ān dào quán yī shù gāo míng shǒu dào bìng chú yīn sòng
安道全醫術高明，手到病除。因宋

jiāng hái xū xiū yǎng wú yòng tì sòng jiāng chū zhàn tā dǎ suàn
江還需休養，吳用替宋江出戰，他打算

chèn yuán xiāo jié nà tiān ràng zhòng rén qiáo zhuāng dǎ ban jìn
趁元宵節那天，讓衆人喬裝打扮進

chéng zhǐ děng shí qiān zài jiào gāo chù de cuì yún lóu fàng huǒ wéi
城，只等時遷在較高處的翠雲樓放火爲

①【安道全】

地靈星安道全又稱神醫。梁山排名第五十六位。他到梁山後，隨軍出診，救了許多好漢。宋江征討方臘時，皇帝召安道全回宮治病，不少梁山豪傑均因未能及時救治，紛紛離世。後來他被朝廷任用，留在宮中。

hào lǐ yìng wài hé jiāng chéng gōng xia shí qiān shùn lì de
號，裏應外合將城攻下。時遷順利地

wán chéng le rèn wu wú yòng bīng fēn bā lù gōng jin dà míng
完成了任務，吳用兵分八路攻進大名

fǔ zhǐ jiàn jiē tóu xiàng wěi kū hǎn shēng lián chéng piàn zhōu
府。只見街頭巷尾哭喊聲連成片，州

fǔ yá men chuān dài zhōng huāng chéng tuán wú yòng shùn lì
府衙門穿戴中慌成團。①吳用順利

jiù chu lú jùn yì liǎng rén qín zhù lǐ gù hé jiǎ shì lú jùn
救出盧俊義兩人，擒住李固和賈氏，盧俊

yì yì dāo shā le liǎng gè chóu rén yòu xiàng sòng jiāng bài xiè
義一刀殺了兩個仇人，又向宋江拜謝。

zhòng rén zhuāng shang cái bǎo liáng shi dà shèng ér guī suí hòu
衆人裝上財寶糧食大勝而歸。隨後，

líng zhōu de liǎng gè tuán liàn shǐ shàn tíng guī hé wèi dìng guó fèng
凌州的兩個團練使，單廷珪和魏定國奉

mìng zhēng jiǎo liáng shān yě dōu guī shùn le cháo zhōng zhòng
命征剿梁山，也都歸順了。朝中衆

jiàng wèi hé fēn fēn fān zuò zéi shí zài shì xiáng mó diàn nèi yǒu
將爲何紛紛翻做賊，實在是降魔殿内有

yīn yuán a
因緣啊！

①【只見街頭巷尾哭喊聲連成片，州府衙門穿戴中慌成團。】

分析：兩句排比，就生動地描寫出大名府混亂的景象。

名師小講堂

張順爲救哥哥，冰天雪地，千裏迢迢去請神醫。他累得在船裏倒頭就睡，險些喪命。如此大仇，爲了救哥哥，他可以放下。這是極寶貴的愛和捨己！對於能捨己的人，上天自會幫忙，把劫匪送上「門」來。

fēi shí méi yǔ jiàn
飛石没羽箭

提問

shǐ wén gōng shì zěn me bèi zhuā zhù de
1. 史文恭是怎麼被抓住的？

sòng jiāng hé lú jùn yì wèi shén me yào xià shān jiè liáng
2. 宋江和盧俊義爲甚麼要下山借糧？

zhè tiān duàn jǐng zhù hé yáng lín děng rén cóng běi fāng huí lai shuō xīn mǎi de èr bǎi duō pǐ hǎo mǎ yòu bèi zēng jiā wǔ hǔ jié zǒu sòng jiāng dà nù zhòng rén dōu mó quán cā zhǎng zhǔn bèi bào chóu
這天，段景住和楊林等人從北方回來，説新買的二百多匹好馬又被曾家五虎劫走。宋江大怒，衆人都摩拳擦掌，準備報仇。

jǐ chǎng fèn zhàn xià lai zēng jiā yǐ sǐ sān zǐ zēng jiā gǎn jǐn gěi páng biān zhōu jùn xiě xìn xún qiú zhī yuán yòu piàn liáng shān yì hé zuò wéi huǎn bīng zhī jì wú yòng kàn chu tā men
幾場奮戰下來，曾家已死三子，曾家趕緊給旁邊州郡寫信尋求支援；又騙梁山議和，作爲緩兵之計。吳用看出他們

de guǐ zhà shuō fú le zēng jiā de pú rén yù bǎo sì ràng tā
的詭詐，說服了曾家的僕人郁保四，讓他
yǐn yòu zēng jiā wǎn shang lái jié zhài hǎo jiāng tā men yì wǎng
引誘曾家晚上來劫寨，好將他們一網
dǎ jìn
打盡。

qiú shèng xīn qiè nǎi bīng jiā dà jì zēng jiā qià qià
「求勝心切」乃兵家大忌，曾家恰恰
fàn le zhè dà jì shàng le dàng tōu xí shī bài zēng jiā shèng
犯了這大忌，上了當。偷襲失敗，曾家剩
xia de liǎng hǔ yě dōu sǐ le shǐ wén gōng zhàng zhe bǎo mǎ
下的兩虎也都死了。史文恭仗着寶馬
kuài táo xiàng xī mén bú liào bèi cháo gài de hún pò chán shang
快，逃向西門。不料被晁蓋的魂魄纏上，
bèi gǎn lai de lú jùn yì hé yān qīng qín huí liáng shān
被趕來的盧俊義和燕青擒回梁山。

sòng jiāng jiāng shǐ wén gōng shā le jì diàn cháo gài
宋江將史文恭殺了，祭奠晁蓋，
yòu zhào cháo gài de yí yán ràng wèi gěi lú jùn yì lú jùn yì
又照晁蓋的遺言，讓位給盧俊義。盧俊義
bù kěn zhòng rén yě quàn sòng jiāng bú yào zài qiān ràng sòng jiāng
不肯，衆人也勸宋江不要再謙讓。宋江
xiǎng le xiǎng jué dìng zhuā jiū er kàn kan tiān yì rú hé zhè
想了想，決定抓鬮兒[①]看看天意如何。這
liǎng gè jiū er lǐ miàn fēn bié xiě zhe liǎng gè lí liáng shān zuì jìn
兩個鬮兒裏面分別寫着兩個離梁山最近
de zhōu fǔ shéi xiān pò chéng dé le liáng cǎo shéi jiù zuò liáng
的州府，誰先破城得了糧草，誰就做梁
shān zhī zhǔ jié guǒ sòng jiāng niān de dōng píng fǔ lú jùn yì
山之主。結果宋江拈的東平府，盧俊義

①【抓鬮兒】

在難以確定的事或分配物品時，事先寫在紙片上幾個選擇，捲團後隨機抓取定奪。

niān de dōngchāng fǔ liǎng rén gè dài le èr shí bā míng tóu lǐng
拈的東昌府。兩人各帶了二十八名頭領

xià shān qù le
下山去了。

jǐ tiān hòu sòng jiāng gōng pò dōng píng fǔ hái dé le
幾天後，宋江攻破東平府，還得了

shuāng qiāng jiàng dǒng píng zhè yì yuán dà jiàng tā men fǎn huí
雙槍將董平[1]這一員大將。他們返回

liáng shān de lù shang bái shèng fēi mǎ lái bào shuō dōng chāng
梁山的路上，白勝[2]飛馬來報，説東昌

fǔ yǒu yuán měng jiàng rén chēng méi yǔ jiàn zhāng qīng shàn yòng
府有員猛將，人稱没羽箭張清，善用

fēi shí dǎ rén bǎi fā bǎi zhòng lú jùn yì lián shū jǐ zhàng yì
飛石打人，百發百中。盧俊義連輸幾仗，一

zhí méi yǒu chū zhàn sòng jiāng yì tīng lián máng dài bīng gǎn wǎng
直没有出戰。宋江一聽，連忙帶兵趕往

dōng chāng fǔ
東昌府。

cì rì duì zhàn sòng jiāng cái jiàn shi le zhāng qīng de lì
次日對戰，宋江才見識了張清的厲

hai nà zhāng qīng yīng zī sà shuǎng de zuò zài mǎ shang yì
害。那張清英姿颯爽地坐在馬上，一

liǎn mù zhōng wú rén de yàng zi tā de fēi shí shǒu duàn jiǎn
臉目中無人[3]的樣子。他的飛石手段簡

zhí shì shén chū guǐ mò fáng bú shèng fáng zhè yí zhàng xú níng
直是神出鬼没，防不勝防。這一仗，徐寧

bèi jī zhòng méi xīn fān shēn luò mǎ yān shùn bèi jī zhòng
被擊中眉心，翻身落馬；燕順被擊中

hù xīn jìng hán tāo bèi dǎ zhòng bí āo chù xiān xuè bèng liú
護心鏡；韓滔被打中鼻凹處，鮮血迸流；

①【董平】

天立星董平，綽號雙槍將，是古代文學形象中第一個使用雙槍的武將。在梁山與林沖鎮守正西旱寨。爲人率真衝動，不計後果，征討方臘時，爲報私仇和張清一同殞命於獨松關。梁山排名第十五位，馬軍五虎將第五員。

②【白勝】

地耗星白勝，綽號白日鼠，比喻他像白天敢過街的老鼠，膽大而且精靈聰巧。白勝裝作賣酒漢，和大家奪取生辰綱後，上了梁山。他與樂和、時遷、段景住合稱爲梁山「四大密探」。征討方臘途中病死。梁山排名第一百零六位。

③【目中無人】

眼裏没有别人。形容狂妄自大，看不起人。

péng qǐ bèi jī zhòng liǎn jiá xuān zàn gāng shuō wán nǐ jī bú
彭玘被擊中臉頰；宣贊剛説完：「你擊不
zhòng wǒ jiù bèi dǎ zhòng zuǐ biān hū yán zhuó bèi jī zhòng
中我」，就被打中嘴邊；①呼延灼被擊中
shǒu bù shǐ bú dòng shuāng biān liú táng dà nù chōng le
手部，使不動雙鞭；劉唐大怒，衝了
chū lái què bèi qín le yáng zhì duǒ guo dì yī gè shí zǐ què
出來，卻被擒了；楊志躲過第一個石子，卻
bèi dì èr gè shí zǐ zhēng de dǎ zài kuī jiǎ shang xià de dǎn sàng
被第二個石子錚地打在盔甲上，嚇得膽喪
xīn hán fú ān guī zhèn sòng jiāng děng zhòng jiàng lǐng dà jīng shī
心寒，伏鞍歸陣。宋江等衆將領大驚失
sè
色。

zhū tóng hé léi héng yí kàn liǎng rén hé gōng shā chu zhèn
朱仝和雷横一看，兩人合攻殺出陣
qu zhāng qīng quán wú jù sè tā shēn shǒu cáng le liǎng gè
去。張清全無懼色，他伸手藏了兩個
shí zǐ yì shí zhèng zhòng léi héng qián é lìng yì shí zǐ dǎ
石子。一石正中雷横前額；另一石子打
zhòng zhū tóng bó xiàng guān shèng dà tǐng shén wēi lái jiù liǎng
中朱仝脖項。關勝大挺神威，來救兩
rén gāng qiǎng hui liǎng rén zhāng qīng yì shí zǐ dǎ lai guān
人。剛搶回兩人，張清一石子打來，關
shèng jí yòng dāo yì gé zhèng zhòng dāo kǒu bèng chu huǒ guāng
勝急用刀一隔，正中刀口，迸出火光。
dǒng píng yǎn míng shǒu kuài lián duǒ liǎng shí liǎng rén yòu zhàn
董平眼明手快，連躲兩石，兩人又戰。
suǒ chāo lūn dòng dà fǔ lái zhù bèi zhāng qīng bù xià gōng wàng
索超掄動大斧來助，被張清部下龔旺、

①【宣贊剛説完：「你擊不中我」，就被打中嘴邊；】

分析：這裏的描寫真是有趣。正誇嘴，就打嘴。也刻畫出張清的飛石功夫絕頂厲害。

dīng dé sūn lán zhù lín chōng huā róng lǚ fāng hé guō shèng
丁得孫攔住。林沖、花榮、呂方和郭盛

sì jiàng qí lái zhù zhàn zhāng qīng xīn zhī guǎ bù dí zhòng qì le
四將齊來助戰。張清心知寡不敵衆，棄了

dǒng píng dǒng píng jǐn zhuī què wàng le dī fang shí zǐ bèi
董平。董平緊追，卻忘了提防石子，被

shí zǐ cā ěr dǎ guo zhǐ dé huí qu zhāng qīng yòu ná chu yì
石子擦耳打過，只得回去。張清又拿出一

shí zǐ dǎ xiàng suǒ chāo suǒ chāo duǒ shǎn bù jí dǎ zài liǎn
石子打向索超，索超躲閃不及，打在臉

shang xiān xuè bèng liú
上，鮮血迸流。

zhè yí zhàng sòng jiāng yíng zhōng shòu shāng de dà jiàng
這一仗，宋江營中受傷的大將

bú xià shí rén ér tā men zhī zhuō zhù le gōng wàng hé dīng dé
不下十人，而他們只捉住了龔旺和丁得

sūn zhòng rén duì zhāng qīng zhēn shì yòu jīng yòu hèn wú yòng
孫。衆人對張清真是又驚又恨。吳用

shuō cǐ rén dān dǎ dú dòu bì bù néng shèng kàn lái yào zhì
說：「此人單打獨鬥必不能勝，看來要智

qǔ
取。」

名師小講堂

所謂「人外有人，天外有人」。張清的出現，着實令人一振！因此人不要驕傲，因爲總有更强的人；也提醒我們本事再大，仍有進步的空間，不要輕易滿足於現狀。

shí jié chū tiān wén
石碣出天文

提問

zhāngqīng shì rú hé bèi qín de
1. 張清是如何被擒的？

tiān wén shang dōu xiě le shén me nèi róng
2. 天文上都寫了甚麼內容？

yóu yú dōng chāng fǔ bèi wéi kùn duō rì jí xū liáng
由於東昌府被圍困多日，急需糧

cǎo wú yòng biàn ān pái rén mǎ jiǎ yì gěi liáng shān bīng mǎ
草。吳用便安排人馬，假意給梁山兵馬

sòng liáng cǎo shí jì yǐn yòu zhāng qīng lái duó guǒ rán
送糧草，實際引誘張清①來奪。果然，

zhāng qīng zhàng zhe yì gāo rén dǎn dà yòng fēi shí dǎ shāng lǔ
張清仗着藝高人膽大②，用飛石打傷魯

zhì shēn duó le liáng chē jiē zhe yòu qù duó liáng chuán zhòng
智深，奪了糧車；接着又去奪糧船，中

jì bèi qín
計被擒。

zhāng qīng jiàn sòng jiāng yì qi shēn zhòng xiāng ài shèn hòu
張清見宋江義氣深重，相愛甚厚，

lì shí xǐng wù zhòng duō tóu lǐng guī xiáng de yuán yīn biàn kòu tóu
立時醒悟衆多頭領歸降的原因，便叩頭

①【張清】

天捷星張清，綽號沒羽箭，武器是飛石和梨花槍，在戰鬥中屢立奇功，曾令遼國聞風喪膽。因都會使飛石，與少年女將瓊英結爲夫妻，兩人用計巧擒田虎，成就了平田虎之大功。征方臘時陣亡。梁山排名第十六位，馬軍八虎騎第五員。

②【藝高人膽大】

技藝高超的人膽量也大。

xià bài shòu xiáng sòng jiāng zhé jiàn wéi shì shuō ruò yǒu rén
下拜受降。宋江折箭爲誓，說：「若有人

yào zài bào chóu jiù rú cǐ jiàn zhòng rén wú yán yě shì tiān
要再報仇，就如此箭。」衆人無言。也是天

gāng xīng huì jù yì qi xiāng tóu sòng jiāng yòu shuō zhū wèi
罡星會聚，義氣相投，宋江又說：「諸位

bú yào nán guò zhòng rén hā hā dà xiào
不要難過。」衆人哈哈大笑。

zhòng rén shàng le liáng shān jù dào zhōng yì táng sòng
衆人上了梁山，聚到忠義堂，宋

jiāng àn zhào tiān yì zuò le shǒu wèi sòng jiāng kàn zhe yì bǎi líng
江按照天意坐了首位。宋江看着一百零

bā wèi háo jié huí xiǎng wǎng shì gǎn kǎi wàn fēn tā qǐng
八位豪傑，回想往事感慨萬分。他請

gōng sūn shèng zhǔ chí dài lǐng zhòng rén jǔ xíng qī tiān jì bài dà
公孫勝主持，帶領衆人舉行七天祭拜大

diǎn gǎn xiè shàng tiān de bì yòu dì qī rì sān gēng shí fēn
典，感謝上天的庇佑。第七日三更時分，

zhǐ tīng tiān shang yì shēng jù xiǎng xī běi fāng xiàng de tiān mén
只聽天上一聲巨響，西北方向的天門

kāi le tiān yǎn háo guāng wàn zhàng jiē zhe juǎn chu yì tuán huǒ
開了天眼，豪光萬丈。接着捲出一團火

zhí bèn liáng shān rào zhe jì tán gǔn le yì quān zuān rù zhèng nán
直奔梁山，繞着祭壇滾了一圈，鑽入正南

fāng de dì xià qù le sòng jiāng jí máng mìng rén jué kai ní tǔ
方的地下去了。宋江急忙命人掘開泥土，

wā bú dào sān chǐ jiàn dào yí gè shí jié zhèng fǎn liǎng cè gè
挖不到三尺，見到一個石碣①，正反兩側各

yǒu wén zì zhǐ shì kàn bù dǒng yí wèi xìng hé de dào shi huì
有文字，只是看不懂。一位姓何的道士會

①【石碣】圓頂的石碑（一般只有在朝爲官的人才能立這種碑）。

biànrèn tiānshū sòngjiāng qǐng xiāoràng dōu jì le xià lái
辨認天書，宋江請蕭讓都記了下來。

shí jié liǎng cè yì biān kè zhe tì tiān xíng dào yì
石碣兩側一邊刻着「替天行道」，一

biān kè zhe zhōng yì shuāng quán shí jié zhèng miàn xiě zhe
邊刻着「忠義雙全」。石碣正面寫着

sān shí liù gè tiān gāng xīng de míng zi hé zūn hào fǎn miàn zé
三十六個天罡星的名字和尊號，反面則

shì qī shí èr gè dì shà xīng zhòng rén yì tīng zì jǐ de míng
是七十二個地煞星。衆人一聽，自己的名

zi dōu zài shàng miàn yuán lái dōu shì tiān shang xīng xiù xià fán
字都在上面，原來都是天上星宿下凡，

bù yóu de jīng xǐ wàn fēn sòng jiāng xuǎn le liáng chén jí rì
不由得驚喜萬分！宋江選了良辰吉日，

àn zhào tiān shū de shùn xù gěi dà jiā chóng xīn pái le zuò cì
按照天書的順序給大家重新排了座次，

ān pái zhí wù zhòng rén huān xǐ jiē shòu jiē zhe yì bǎi líng
安排職務，衆人歡喜接受。接着，一百零

bā jiàng yì qǐ guì xia duì tiān qǐ shì shà xuè wéi méng

八將一起跪下，對天起誓，歃血爲盟[①]，

yào shēng sǐ xiāng tuō gè wú yì xīn lì qiú zhōng yì liǎng

要生死相託，各無異心，力求忠義兩

quán yì qǐ tì tiān xíng dào bǎo guó ān mín zhè cái shì liáng

全，一起替天行道，保國安民。這才是梁

shān pō dà jù yì chù cǐ jǐng shèng kuàng kōng qián zhèn jīng

山泊大聚義處。此景盛况空前，震驚

sì yě

四野。

sòng jiāng tí chu zhāo ān zhòng rén bù mǎn sòng jiāng yǔ

宋江提出招安，衆人不滿。宋江語

zhòng xīn cháng de shuō zhòng dì xiong qǐng tīng wǒ yì yán zì

重心長地說：「衆弟兄請聽我一言：自

gǔ xié bù yā zhèng rú jīn suī jiān chén dāng dào dàn zǒng yǒu bō

古邪不壓正，如今雖奸臣當道，但總有撥

yún jiàn rì de yì tiān wǒ men tì tiān xíng dào bù fǎn huáng

雲見日的一天。我們替天行道，不反皇

shang bù rǎo liáng mín bì néng shè zuì zhāo ān ruò néng tóng

上不擾良民，必能赦罪招安。若能同

xīn bào guó míng liú qīng shǐ zǒng hǎo guo dāng zéi kòu xiǎng róng

心報國，名留青史，總好過當賊寇享榮

huá yí shì a wǒ men yì bǎi líng bā jiàng shàng yìng tiān shang

華一世啊！我們一百零八將上應天上

xīng xiù bú wèi guó xiào lì yòu yào zěn yàng dà jiā jué

星宿，不爲國效力，又要怎樣？」大家覺

de yǒu lǐ fēn fēn diǎn tóu

得有理，紛紛點頭。

zhè tiān lǐ kuí xià shān xián guàng tā shǒu chí shuāng fǔ

這天李逵下山閑逛。他手持雙斧，

①【歃血爲盟】

古代會盟，把牲畜的血塗在嘴唇上，表示誠意，泛指發誓，訂下盟約。

pǎo dào lí liáng shān zuì jìn de shòu zhāng xiàn yá zhòng rén xià
跑到離梁山最近的壽張縣衙，眾人嚇

de zhí duō suo lǐ kuí sì chù zhǎo zhī xiàn méi zhǎo dào què
得直哆嗦。李逵四處找知縣沒找到，卻

zhǎo dào le zhī xiàn de guān fú tā lè hē hē de chuān shang
找到了知縣的官服，他樂呵呵地穿上，

dà yáo dà bǎi de pǎodào dà tángshěn àn
大搖大擺地跑到大堂審案。

lǐ kuí yòu jìn xué táng xià hu xiǎo hái zi tīng zhe tā
李逵又進學堂嚇唬小孩子，聽着他

men lián kū dài háo de lè de zhí chuǎn tā gāng chū xué táng
們連哭帶號的，樂得直喘。他剛出學堂，

zhèng zhuàng shang lái xún tā de mù hóng bèi mù hóng tuō zhe biàn
正撞上來尋他的穆弘，被穆弘拖着便

zǒu huí dào liáng shān zhòng jiàng lǐng kàn jiàn tā yī guān bù
走。① 回到梁山，眾將領看見他衣冠不

zhěng de chuān zhe guān fú bài sòng jiāng shí bèi guān fú bàn
整地穿着官服，拜宋江時，被官服絆

de xiǎn xiē shuāi gēn tou dōu xiào de zhí bu qǐ yāo lai
得險些摔跟頭，都笑得直不起腰來。

①【他剛出學堂，正撞上來尋他的穆弘，被穆弘拖着便走。】

分析：穆弘到底有多大能耐，通過這一句能看出一二。

名師小講堂

試想梁山衆好漢立約的場景是多麼宏大和感人啊！守約是一個重要的品格，説到做到，遵守約定，絶不違背。衆豪傑即使死亡，也没有退縮。想當英雄的你，是不是看重你平時説過的話，決定的事呢？

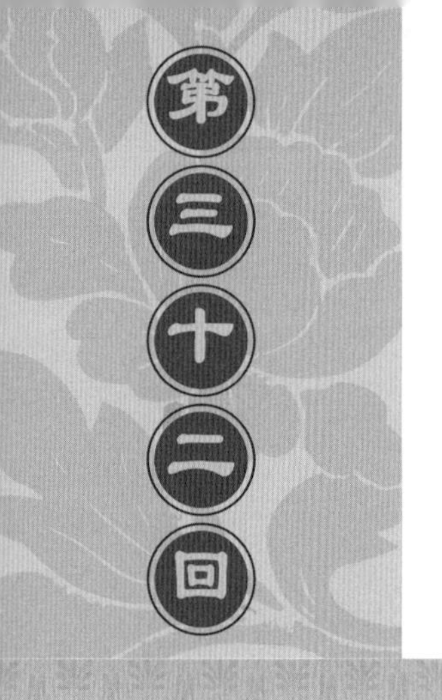

英雄受招安

yīng xióng shòu zhāo ān

提問
1. 高俅淹死了嗎？
gāo qiú yān sǐ le ma
2. 梁山好漢是如何被招安的？
liángshān hǎo hàn shì rú hé bèi zhāo ān de

梁山日益強大，朝廷深爲忌憚，高俅主動要求帶兵圍剿，卻哪裏是梁山好漢的對手？很快高俅水兵就全軍覆没，他和衆將全都被擒。林沖和楊志見到高俅，都恨得兩眼噴火，但宋江不肯殺朝廷命官，對他以禮相待。宋江提到招安的事，高俅爲求自保，滿口答應，並帶走蕭讓、樂和兩人，説去面見皇上。

wèibiǎo chéng yì tā hái liú xia le shǒu xià wénhuànzhāng
爲表「誠意」，他還留下了手下聞煥章。

gāo qiú zǒu hòu sòng jiāng hé wú yòng dōu zhī dào zhè rén
高俅走後，宋江和吴用①都知道這人

kào bu zhù hái děi zì jǐ xiǎng bàn fǎ yān qīng zhǔ dòng qǐng
靠不住，還得自己想辦法。燕青主動請

yīng hé dài zōng qù dǎ tàn xiāo xi zhèng qiǎo wén huàn zhāng
纓②，和戴宗去打探消息。正巧聞煥章

yǔ qīn chāi dà chén sù tài wèi shì tóng chuāng hǎo yǒu sòng jiāng
與欽差大臣宿太尉是同窗③好友。宋江

dà xǐ qǐng wén huàn zhāng bāng máng gěi sù tài wèi xiě xìn
大喜，請聞煥章幫忙給宿太尉寫信，

jiāo gěi le yānqīng
交給了燕青。

yān qīng guǒ rán bú fù zhòng wàng tā jiāng xìn sòng dào sù
燕青果然不負衆望，他將信送到宿

tài wèi shǒu li yòu hé dài zōng qù gāo qiú fǔ dǎ tàn qíng kuàng
太尉手裏。又和戴宗去高俅府打探情況，

guǒ rán gāo qiú gēn běn jiù méi guǎn sòng jiāng de shì bìng qiú
果然，高俅根本就沒管宋江的事，並囚

jìn le xiāo ràng liǎng rén yān qīng dǎ ting dào huáng shang jīng
禁了蕭讓兩人。燕青打聽到皇上經

cháng zài jīng chéng míng jì lǐ shī shī nà lǐ dòu liú biàn qián qù
常在京城名伎李師師那裏逗留，便前去

bài fǎng lǐ shī shī jiàn tā lěi luò dà qì bǎi líng bǎi lì yòu
拜訪。李師師見他磊落大氣，百伶百俐，又

shàn cháng sī zhú hěn shì xǐ ài yǔ tā jié bài wéi jiě dì
擅長絲竹④，很是喜愛，與他結拜爲姐弟。

zài tā de bāng zhù xià yān qīng jiàn dào le huáng shang tā jiāng
在她的幫助下，燕青見到了皇上，他將

①【吴用】

天機星吴用，梁山泊軍師，梁山幾乎所有的軍事行動都是由他一手策劃，綽號智多星，道號「加亮先生」。梁山排名第三位。他爲人沉穩、冷靜，聰明忠義。征討方臘勝利後，因見宋江被害，與花榮一同自縊於墓前盡忠。

②【請纓】

纓：約束人的繩子。請求給他一根長纓，比喻主動請求擔當重任。

③【同窗】

一同學習的人。此語比同學更親切，顯出兩人親密和尊重的感覺。

④【絲竹】

弦樂器與竹管樂器之總稱。泛指音樂。

sòng jiāng de xīn yì hé shì qing zhēn xiàng quán dōu gào zhī huáng
宋江的心意和事情真相全都告知皇

shang huáng shang tīng de bǎi gǎn jiāo jí yān qīng hé dài zōng wán
上。皇上聽得百感交集！燕青和戴宗完

chéng le rèn wu jiù chu xiāo ràng liǎng rén yì qǐ huí le liáng
成了任務，救出蕭讓兩人，一起回了梁

shān
山。

cì rì zǎo cháo huáng shang duì gāo qiú tóng guàn děng rén
次日早朝，皇上對高俅、童貫等人

nù hè dào dōu shì nǐ děng jiān nìng zhī chén qī mán guǎ rén
怒喝道:「都是你等奸佞①之臣欺瞞寡人！

guǎ rén tīng wén sòng jiāng zhè huǒ rén bù qīn zhōu fǔ bú lüè liáng
寡人聽聞宋江這伙人不侵州府，不掠良

mín zhǐ dài zhāo ān wèi guó jiā chū lì dōu shì nǐ děng huài
民，只待招安，爲國家出力。都是你等壞

guó jiā dà shì tóng guàn hé gāo qiú xià de wú yán zì cǐ bù
國家大事！」童貫和高俅嚇得無言，自此不

gǎn shàng cháo sù tài wèi chū liè biǎo shì yuàn yì qù huáng
敢上朝。宿太尉出列，表示願意去。皇

shang dà xǐ
上大喜。

xuān hé sì nián chūn èr yuè sù tài wèi hé zhòng rén dài
宣和四年春二月，宿太尉和衆人帶

zhe huáng shang de shǎng cì qián qù zhāo ān liáng shān pō shang
着皇上的賞賜前去招安。梁山泊上

chù chù zhāng dēng jié cǎi zhèn zhèn gǔ yuè qí míng yí pài xǐ
處處張燈結彩、陣陣鼓樂齊鳴，一派喜

qìng sòng jiāng jiē le zhào shū sù tài wèi yòu sù shuō huáng
慶。宋江接了詔書，宿太尉又訴說皇

①【奸佞】

貶義詞，指奸邪諂媚、人格卑鄙的人。

shang tòng zé jiān chén de jīng guò zhòng rén dōu jué dà kuài rén
上痛責奸臣的經過，衆人都覺大快人

xīn fēn fēn guì bài chēng xiè quán tǐ shòu le zhāo ān
心，紛紛跪拜稱謝，全體受了招安。

yí gè yuè hòu sòng jiāng zhòng rén dǎ zhe shùn tiān
一個月後，宋江衆人打着「順天」

hù guó liǎng miàn hóng sè dà qí jìn jīng miàn shèng sòng huī zōng
「護國」兩面紅色大旗進京面聖。宋徽宗

tóng bǎi guān zài xuān dé lóu shang jiàn liáng shān hǎo hàn de wēi wǔ
同百官在宣德樓上，見梁山好漢的威武

yóu rú tiān shén yì bān zàn tàn bù yǐ shuō zhè cái shì zhēn
猶如天神一般，讚嘆不已，説：「這才是真

zhèng de yīng xióng
正的英雄！」①

①【宋徽宗同百官在宣德樓上，見梁山好漢的威武猶如天神一般，讚嘆不已，説：「這才是真正的英雄！」】

分析：通過皇上的誇獎這種側面烘託，可以更强烈地感受到梁山好漢威風凜凜的形象。

cì rì huáng shang xiǎng gěi sòng jiāng děng rén jiā guān
次日，皇上想給宋江等人加官

jìn jué nǎ zhī cài jīng tóng guàn hé gāo qiú děng jūn bù tóng
晉爵，哪知蔡京、童貫和高俅等均不同

yì shuō tā men cùn gōng wèi jiàn bù néng jiā fēng sù tài wèi
意，説他們寸功未建，不能加封。宿太尉

qǐ zòu shuō huáng shang rú jīn liáo guó xīng bīng shí wàn qīn fàn
啓奏説：「皇上，如今遼國興兵十萬侵犯

zhōng yuán biān jìng gào jí lǚ bù néng shèng bù rú jiù ràng
中原，邊境告急，屢不能勝，不如就讓

sòng jiāng tā men shōu fú liáo zéi bào xiào guó jiā qǐ bú gèng
宋江他們收服遼賊，報效國家，豈不更

hǎo huáng shang lì kè fēng sòng jiāng wéi pò liáo dū xiān fēng
好？」皇上立刻封宋江爲破遼都先鋒，

lú jùn yì wéi fù xiān fēng qián qù zhēng tǎo
盧俊義爲副先鋒前去征討。

sòng jiāng lǐng zhǐ hòu　dài zhe zhòng dì xiōng kāi shǐ le nán
宋江領旨後，帶着衆弟兄開始了南
zhēng běi zhàn de rì zi　tā men xiān shì qù běi fāng zhēng tǎo
征北戰的日子。他們先是去北方征討
liáo guó　yì lián shōu fù le tán zhōu　jì zhōu　bà zhōu　yōu
遼國，一連收復了檀州、薊州、霸州、幽
zhōu　lìng liáo guó jūn bīng wén fēng sàng dǎn　jí pài shǐ chén xiàng
州，令遼國軍兵聞風喪膽，急派使臣向
dà sòng qiú hé　zhī hòu　sòng jiāng yòu jiē zhǐ　miè hé běi tián
大宋求和。之後，宋江又接旨，滅河北田
hǔ zhī huàn　píng huái xī wáng qìng zhī luàn　lěi lì gōng xūn
虎之患、平淮西王慶之亂，累立功勛，
bào xiào guó jiā　rán ér　zài zhēng tǎo fāng là de zhàn yì
報效國家。然而，在征討方臘的戰役
zhōng　liáng shān hǎo hàn shāng wáng cǎn zhòng　yì bǎi líng bā jiàng
中，梁山好漢傷亡慘重，一百零八將
zhǐ shèng xia le èr shí qī rén
只剩下了二十七人。①

①【然而，在征討方臘的戰役中，梁山好漢傷亡慘重，一百零八將只剩下了二十七人。】

分析：一個轉折，使前後不同境況的對比更加清晰，並產生懸念。

名師小講堂

徽宗没有懲治高俅、童貫這些犯欺君之罪的人，真令人遺憾。爲甚麼皇上不處置他們呢？因爲他喜歡這些人。可見一個人喜歡甚麼很重要！因爲喜好，決定着未來。徽宗最終亡國被俘，病死他鄉。

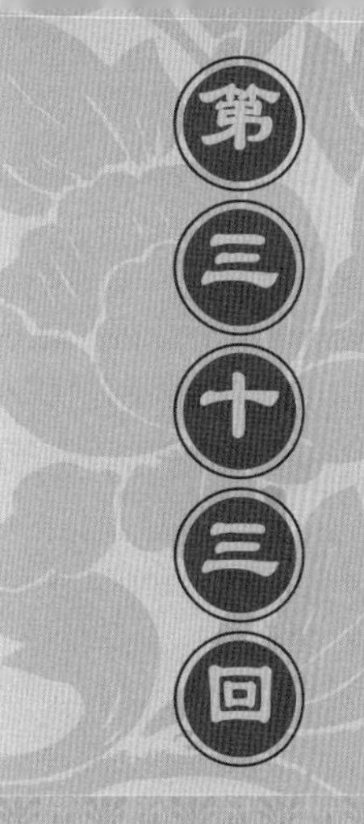

fèng mìng zhēng fāng là

奉命征方臘

提問

zhāngqīng shì zěn me zhènwáng de

1. 張清是怎麼陣亡的？

dōu yǒu shéi dǎ rù dí rén nèi bù le

2. 都有誰打入敵人内部了？

fāng là zài jiāngnán zì lì wéiwáng shè yǒu zǎi xiàng hé
方臘在江南自立爲王，設有宰相和
bā dà tiānwáng gè gè wǔ gōngchāoqún tā zhàng zhe bīng duō
八大天王，個個武功超羣。他仗着兵多
jiàng guǎng gé zhe cháng jiāng tiān xiǎn zhàn jù zhe bāo kuò háng
將廣，隔着長江天險，佔據着包括杭
zhōu sū zhōu chángzhōu děng jiāngnán bā zhōu èr shí wǔ gè xiàn
州、蘇州、常州等江南八州二十五個縣，
wēishè dà sòngbàn bì jiāngshān fēi tóngxiǎo kě
威懾大宋半壁江山，非同小可。①

liángshān pō hǎohàn ná xia le rùn zhōu què shī le sòng
梁山泊好漢拿下了潤州，卻失了宋
wàn děng rén gōng dǎ chángzhōu shí hán tāo péng qǐ cáo
萬等人。攻打常州時，韓滔、彭玘、曹
zhèng yě dōuzhàn sǐ zhòng rén chuíshǒu sòngjiāngtòng kū shāng
正也都戰死。衆人垂首，宋江痛哭，傷

①【方臘在江南自立爲王，設有宰相和八大天王，個個武功超羣。他仗着兵多將廣，隔着長江天險，佔據着包括杭州、蘇州、常州等江南八州二十五個縣，威懾大宋半壁江山，非同小可。】

分析：叙述性的文字，也是一篇文章裏不可缺少的一部分，使人能對人物情節、故事發展有更清楚的認識。

xīn de shuō　kàn lái shōu fú bù liǎo fāng là le　wǒ zhòng dì
心地說：「看來收服不了方臘了！我衆弟

xiong nán zhēng běi zhàn　yì zhí suǒ xiàng pī mǐ　kě zì cóng
兄南征北戰，一直所向披靡[1]。可自從

dù jiāng yǐ lái　lián lián sǔn zhé le wǒ bā gè dì xiong　wú yòng
渡江以來，連連損折了我八個弟兄。」吳用

quàn tā shuō　zhǔ shuài xiū shuō cǐ yán　kǒng xiè jūn xīn　dāng
勸他說：「主帥休說此言，恐懈軍心。當

chū pò liáo píng luàn　dà xiǎo píng ān jiē shì tiān yì　jīn fān zhé
初破遼平亂，大小平安皆是天意。今番折

le dì xiōng men　yě shì gè rén shòu shu　wǒ men yǐ jīng lián dé
了弟兄們，也是各人壽數。我們已經連得

rùn zhōu　cháng zhōu děng sān dài chéng chí　zhǔ shuài qiān wàn bú
潤州、常州等三大城池。主帥千萬不

yào zì sàng zhì qì
要自喪志氣。」

gōng pò jiā dìng　sū zhōu děng dì hòu　sòng jiāng lái dào
攻破嘉定、蘇州等地後，宋江來到

fāng là zhòng bīng bǎ shǒu de dài chéng háng zhōu　cǐ chéng shì
方臘重兵把守的大城杭州，此城是

nán guó zhī píng zhàng　yóu fāng là de dà tài zǐ fāng tiān dìng zhǎng
南國之屏障。由方臘的大太子方天定掌

guǎn　shǒu xià yǒu qī wàn jūn mǎ　wéi shǒu de dèng yuán jué hé
管，手下有七萬軍馬，爲首的鄧元覺和

shí bǎo liǎng rén wǔ gōng liǎo dé
石寶兩人武功了得。

cǐ shí chái jìn yǔ yān qīng fèng mìng dǎ rù fāng là nèi bù
此時柴進與燕青奉命打入方臘內部

zuò xì zuò　tā men huǎng chēng shì zhōng yuán rén shì　néng zhī
做細作。他們謊稱是中原人士，能知

①【所向披靡】

所向：力所到達的地方；披靡：潰敗。比喻力量所達到的地方，一切障礙全被掃除。

tiān wén dì lǐ shí dé liù jiǎ fēng yún yáo wàng jiāng nán yǒu
天文地理，識得六甲[1]風雲，遙望江南有

tiān zǐ zhī qì biàn yǎng mù ér lái fāng là tīng le fēi cháng
天子之氣，便仰慕而來。方臘聽了非常

gāo xìng tā jiàn chái jìn róng mào bù sú yǒu lóng zǐ lóng sūn
高興，他見柴進容貌不俗，有龍子龍孫

qì xiàng bú dàn liú xia le tā hái jiāng zì jǐ de nǚ ér jīn
氣象，不但留下了他，還將自己的女兒金

zhī gōng zhǔ jià gěi le tā
芝公主嫁給了他。

dài zōng dai lai lú jùn yì gōng xia dú sōng guān de xiāo
戴宗帶來盧俊義攻下獨松關的消

xi zhǐ shì shī le zhāng qīng hé dǒng píng liǎng yuán dà jiàng
息，只是失了張清和董平兩員大將。

yuán lái dǒng píng bèi huǒ pào zhèn shāng le zuǒ bì tā mán zhe
原來董平被火炮震傷了左臂，他瞞着

lú jùn yì hé zhāng qīng sī zì qù bào chóu jié guǒ zài lín
盧俊義，和張清私自去報仇。結果在林

zhōng yíng shang jìng dí zhāng qīng wèi jiù dǒng píng shǐ jìn guò
中迎上勁敵，張清爲救董平，使勁過

měng qiāng cì jin sōng shù li bá bu chū lái lì tiān rùn chèn jī
猛，槍刺進松樹裏拔不出來，厲天閏趁機

yì qiāng zhā jin tā de fù bù dǒng píng bèi shēn hòu de zhāng
一槍扎進他的腹部。董平被身後的張

tāo lán yāo yì dāo kě lián méi yǔ jiàn zhāng qīng hé shuāng qiāng
韜攔腰一刀。可憐没羽箭張清和雙槍

jiàng dǒng píng pò liáo píng luàn lǚ lì qí gōng shuāng shuāng sǐ
將董平，破遼平亂屢立奇功，雙雙死

yú sōng lín zhōng
於松林中。

①【六甲】

有多種含義。此處應指用天干地支相配計算時日，其中有甲子、甲戌、甲申、甲午、甲辰、甲寅，故稱六甲。

魯智深和武松去攻打杭州東門。鄧元覺出城迎戰，魯智深一看笑道：「原來南軍也有和尚啊。先吃洒家一百禪杖！」兩人鬥了五十餘回合，不分勝敗。方天定和石寶都看呆了。

張順見杭州城久攻不下，打算夜裏潛進城去放火。他爲人機警謹慎，幾次試探，到了四更見城牆上没了動靜，才往上爬去。哪知中了敵人的詭計，突聽梆子響，他趕緊跳下水去，但怎能有踏弩[①]硬弓速度快。可憐浪裏白條張順，頓時魂歸涌金門。宋江聽説張順陣亡，哭得昏倒，説：「我自喪了父母，也没有如此傷心！」吳用等衆將盡皆傷感。[②]

①【踏弩】

弩，一種用機械力量射箭的弓。踏弩是一種用腳踩踏機括而發箭的弓。其射程和威力能帶來毀滅性的打擊。

②【宋江聽説張順陣亡，哭得昏倒，説：「我自喪了父母，也没有如此傷心！」吳用等衆將盡皆傷感。】

分析：宋江與衆人的表現，刻畫出張順在大家心中的分量。

jiē zhe de jǐ chǎng zhàn yì zhōng léi héng suǒ chāo dèng
接着的幾場戰役中，雷橫、索超、鄧

fēi liú táng děng rén xiān hòu zhàn sǐ zhòng rén zhèng fán nǎo
飛、劉唐等人先後戰死。眾人正煩惱

gōng bú xià chéng xiè zhēn xiè bǎo jié le gěi fāng tiān dìng sòng
攻不下城，解珍、解寶劫了給方天定送

mǐ liáng de chuán zhī wú yòng dà xǐ biàn fēn fù xiè zhēn
米糧的船隻。吳用大喜，便吩咐解珍、

xiè bǎo dài zhe líng zhèn děng rén zhuāng chéng sòng liáng rén jìn
解寶帶着凌振等人裝成送糧人，進

le háng zhōu chéng dàng yè èr gēng shí fēn lǐ wài dōu yǐ zhǔn
了杭州城。當夜二更時分，裏外都已準

bèi hǎo le líng zhèn qǔ chu jiǔ xiāng zǐ mǔ pào zài wú shān
備好了，凌振取出九箱子母炮，在吳山

dǐng shang fàng le qǐ lái zhòng jiàng gè qǔ huǒ bǎ sì chù diǎn
頂上放了起來，眾將各取火把，四處點

zháo méi yí huì er chéng zhōng bú zhàn zì luàn gè mén shǒu
着。沒一會兒，城中不戰自亂，各門守

chéng jūn shì xià de dōu táo mìng qù le sòng bīng jīng shen dà
城軍士嚇得都逃命去了。宋兵精神大

zhèn yì gǔ zuò qì duó le chéng
振，一鼓作氣奪了城。

名師小講堂

輕易相信是受騙的主要原因。回想祝家莊、晁蓋、方臘的失敗，都與輕信有關。之所以會輕信，多是因爲感覺有好事會發生，別人就是願意幫助我。不要輕易接受突如其來的陌生「好人」或「好事」。

xuè rǎn jiāng nán dì
血染江南地

提問

fāng tiān dìng shì zěn me sǐ de
1. 方天定是怎麼死的？

fāng là shì bèi shéi zhuō dào de
2. 方臘是被誰捉到的？

fāng tiān dìng jí máng shàng mǎ táo zǒu zài wǔ yún shān
方天定急忙上馬逃走，在五雲山

xià jiāng li yì rén kǒu xián jiān dāo tiào shang àn lai fāng tiān
下，江裏一人口銜尖刀跳上岸來。方天

dìng xià de pāi mǎ kuài zǒu bú liào mǎ què bú dòng nà rén qiǎng
定嚇得拍馬快走，不料馬卻不動。那人搶
dào mǎ qián yì dāo gē le fāng tiān dìng de tóu qí shang tā
到馬前，一刀割了方天定的頭，騎上他
de mǎ fǎn huí háng zhōu zhè rén zhí jiē lái dào sòng jiāng miàn
的馬，返回杭州。這人直接來到宋江面
qián bǎ tóu hé dāo piě zài dì xia bài le liǎng bài biàn kū
前，把頭和刀撇在地下，拜了兩拜，便哭
qi lai
起來。①

sòng jiāng huāng máng bào zhù tā shuō zhāng héng xiōng di
宋江慌忙抱住他說：「張橫兄弟，
nǐ bú shì hé ruǎn xiǎo qī qù qián táng jiāng le ma zhè rén
你不是和阮小七去錢塘江了嗎？」這人
shuō xiǎo dì bú shì zhāng héng shì zhāng shùn zài yǒng jīn mén
說：「小弟不是張橫，是張順。在涌金門
bèi qiāng jiàn shè sǐ xìng dé xī hú zhèn zé lóng jūn shōu liú
被槍箭射死，幸得西湖震澤龍君收留，
zài shuǐ fǔ lóng gōng wéi shén jīn rì jiàn gē ge gōng le chéng
在水府龍宮爲神。今日見哥哥攻了城，
xiǎo dì jiè zhe zhāng héng gē ge de qū qiào shā le fāng tiān dìng
小弟借着張橫哥哥的軀殼，殺了方天定，
tè lái jiāo yǔ gōng míng gē ge shuō wán mò rán dǎo dì
特來交與公明哥哥。」說完，驀然倒地。
sòng jiāng lián máng fú qi zhāng héng zhēng kai yǎn cái zhī dào
宋江連忙扶起，張橫睜開眼，才知道
xiōng di zhāng shùn yǐ sǐ tā dà kū yì shēng xiōng di biàn
兄弟張順已死，他大哭一聲「兄弟」便
yūn le guò qù
暈了過去。

①【這人直接來到宋江面前，把頭和刀撇在地下，拜了兩拜，便哭起來。】

分析：這人是誰？爲何會哭？一系列的懸念，使得文章更生動，引人入勝。

kě shì zhàn dòu hái yào jì xù xia qu sòng jiāng hé lú jùn
可是戰鬥還要繼續下去，宋江和盧俊

yì bīng fēn liǎng lù fēn bié gōng dǎ mù zhōu hé shè zhōu rán
義兵分兩路，分別攻打睦州和歙州，然

hòu yì qǐ gōng dǎ fāng là de lǎo wō qīng xī xiàn bāng yuán
後一起攻打方臘的老窩：清溪縣幫源

dòng xiè zhēn xiè bǎo bú wèi jiān xiǎn zhǔ dòng qù duó wū lóng
洞。解珍、解寶不畏艱險，主動去奪烏龍

lǐng zhòng le dí rén àn suàn sǐ zài shān gǔ zhōng ruǎn xiǎo èr
嶺，中了敵人暗算，死在山谷中。阮小二

zài shuǐ shang yīng yǒng yíng dí què bèi hòu chuán yì náo gōu dā
在水上英勇迎敵，卻被後船一撓鈎搭

zhù tā bú yuàn bèi zhuā shòu rǔ zì wěn ér wáng
住。他不願被抓受辱，自刎[1]而亡。[2]

fāng là jiàn mù zhōu gào jí máng pài huì shǐ yāo fǎ de
方臘見睦州告急，忙派會使妖法的

zhèng biāo hé tā shī fu bāo dào yǐ yì tóng gǎn lai sòng jiāng
鄭彪和他師父包道乙一同趕來。宋江

mìng wáng yīng fū fù qù lán jié yuán jūn nǎ zhī zhèng biāo de
命王英夫婦去攔截援軍。哪知鄭彪的

yāo shù shí fēn liǎo dé wáng yīng bèi yì qiāng chuō xia mǎ qu
妖術十分了得，王英被一槍戳下馬去。

hù sān niáng jí máng qù jiù bèi zhèng biāo huí shēn de yí kuài
扈三娘急忙去救，被鄭彪回身的一塊

dù jīn tóng zhuān pāi sǐ wǔ sōng gǎn lai zhù zhàn bèi bāo dào
鍍金銅磚拍死。武松趕來助戰，被包道

yǐ yòng yāo fǎ zhǎn le zuǒ bì lǔ zhì shēn jí shí jiù qi wǔ
乙用妖法斬了左臂。魯智深及時救起武

sōng qù zhuī gǎn xià hóu chéng shī le zōng yǐng fán ruì yòng fǎ
松，去追趕夏侯成，失了蹤影。樊瑞用法

①【自刎】

自己割斷脖頸，自殺。自刎是中國古代武將絕望時最常使用的自殺報國手段。在小說中，自刎是最常見的自殺方式。

②【他不願被抓受辱，自刎而亡。】

分析：阮小二與眾人不同，他是自殺而亡的，從而突出了他性格中的果敢和剛烈。

shù kǎn sǐ le zhèng biāo líng zhèn yòng pào jī zhòng bāo dào yǐ
術砍死了鄭彪，凌振用炮擊中包道乙，
shí bǎo jiàn dà shì yǐ qù zì wěn ér sǐ
石寶見大勢已去，自刎而死。

lú jùn yì de bīng mǎ zài shè zhōu yù dào xiǎo yǎng yóu
盧俊義的兵馬在歙州遇到小養由
jī páng wàn chūn tā yòng nǔ jiàn sān miàn jiā gōng shǐ jìn
基①龐萬春，他用弩箭三面夾攻，史進、
shí xiù xuē yǒng děng liù yuán jiàng shuài hé liǎng qiān qī bǎi duō
石秀、薛永等六員將帥和兩千七百多
bīng mǎ bù céng táo chu yì gè dōu bèi luàn jiàn shè sǐ lú jùn
兵馬不曾逃出一個，都被亂箭射死。盧俊
yì gōng xia shè zhōu hòu yǔ sòng jiāng hé bīng yí chù zhí bèn
義攻下歙州後，與宋江合兵一處，直奔
qīng xī bāng yuán dòng qián fāng là de zhí zi fāng jié wǔ gōng
清溪。幫源洞前，方臘的侄子方傑武功
jīng shú shǐ zhà shā le qín míng kě lián pī lì huǒ miè dì jìng
精熟，使詐殺了秦明。可憐霹靂火，滅地竟
wú shēng
無聲。

sòng jiāng wéi kùn bāng yuán dòng fāng là de fù mǎ kē yǐn
宋江圍困幫源洞，方臘的駙馬柯引
zì qǐng lǐng bīng chū dòng zhēng zhàn fāng là dà xǐ qí shí kē
自請領兵出洞征戰，方臘大喜。其實柯
yǐn jiù shì chái jìn dì yī tiān tā jiǎ yì lián yíng jǐ chǎng
引就是柴進。第一天，他假意連贏幾場，
qǔ dé fāng là de xìn rèn cì rì zǎo chen kē yǐn shuài yān qīng
取得方臘的信任。次日早晨，柯引率燕青
chū zhàn zhòng jiàng yí kàn zhī dào jīn tiān yào jué yì sǐ zhàn
出戰。衆將一看，知道今天要決一死戰

①【養由基】

春秋時楚國大將，有「神箭」之稱，號「養一箭」。百發百中、百步穿楊的成語典故，皆來自他的事跡。

le dùn shí jīng shen bǎi bèi fāng jié bèi kē yǐn yì qiāng chuō
了，頓時精神百倍。方傑被柯引一槍戳

zhòng diào xia mǎ lai fāng là jiàn zhuàng yì jiǎo tī fān jīn jiāo
中，掉下馬來。方臘見狀，一腳踢翻金交

yǐ xiàng shēn shān li táo qu tā tuō le zhě huáng páo shuǎi xia
椅，向深山裏逃去。他脫了赭黃袍，甩下

cháo xuē fān shān yuè lǐng lián pá wǔ zuò shān tóu què méi
朝靴，翻山越嶺，連爬五座山頭，①卻沒

xiǎng dào bèi yí gè pàng dà hé shang yí zhàng xiān fān gěi bǎng
想到被一個胖大和尚，一杖掀翻給綁

le qǐ lái nà hé shang zhèng shì lǔ zhì shēn
了起來。那和尚正是魯智深。

①【他脫了赭黃袍，甩下朝靴，翻山越嶺，連爬五座山頭，】

分析：一連串的動詞描寫，將方臘逃亡的情形表現得栩栩如生。

fāng là zhī zhàn zhōng yú qǔ shèng guān yuán fēn fēn qìng
方臘之戰終於取勝，官員紛紛慶

hè kě sòng jiāng sī niàn sǐ qù de dì xiong yòu tīng shuō zài
賀。可宋江思念死去的弟兄，又聽說在

háng zhōu huàn wēn yì de zhāng héng mù hóng zhū guì bái
杭州患瘟疫的張橫、穆弘、朱貴、白

shèng děng rén dōu yǐ qù shì zhòng rén lèi rú yǔ xià
勝等人都已去世，衆人淚如雨下。

名師小講堂

隨着戰爭愈演愈烈，豪傑死傷也愈來愈多。誰不知道戰爭的殘酷，也許今天就不能活着回去了。但剩下的人仍並肩作戰，絕不退縮，這是真正的勇敢和守約。立盟誓、重義氣的梁山好漢沒有一個當逃兵的。

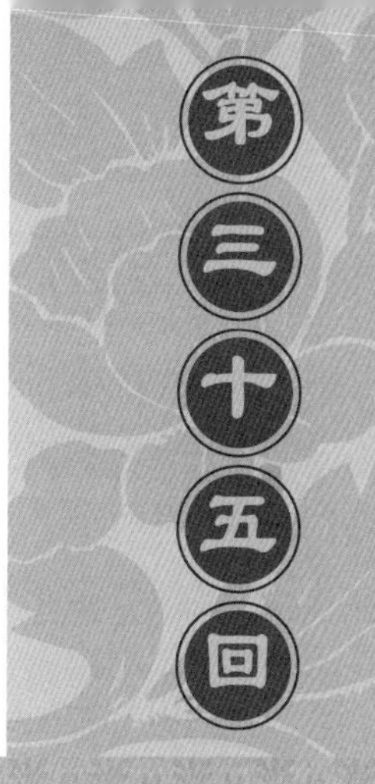

夢遊梁山泊
mèng yóu liáng shān pō

提問

1. 眾人的結局如何？
zhòng rén de jié jú rú hé

2. 本書中，你對誰的印象最深刻，説説為甚麼？
běn shū zhōng nǐ duì shéi de yìn xiàng zuì shēn kè shuō shuo wèi shén me

宣和五年秋，宋江等二十七名將領回到京城。京城百姓回想梁山好漢初受招安，身穿御賜紅綠錦襖，懸掛金銀牌面，喜氣洋洋入城朝見；破遼之後回京城時，都是披袍掛甲，一身戎裝①，威風凜凜；今日回來，皇上特命眾人文官裝扮，幞頭②公服，寥寥幾

xuān hé wǔ nián qiū sòng jiāng děng èr shí qī míng jiàng lǐng huí dào jīng chéng jīng chéng bǎi xìng huí xiǎng liáng shān hǎo hàn chū shòu zhāo ān shēn chuān yù cì hóng lǜ jǐn ǎo xuán guà jīn yín pái miàn xǐ qì yáng yáng rù chéng cháo jiàn pò liáo zhī hòu huí jīng chéng shí dōu shì pī páo guà jiǎ yì shēn róng zhuāng wēi fēng lǐn lǐn jīn rì huí lai huáng shang tè mìng zhòng rén wén guān zhuāng bàn fú tóu gōng fú liáo liáo jǐ

①【戎裝】 軍裝。古人把當兵稱為從戎。戎，作戰的意思。

②【幞頭】 又名軟裹。一種包頭的軟巾，因所用的軟巾通常為青黑色，故也稱「烏紗」。後代俗稱為烏紗帽。

①【今日回來，皇上特命衆人文官裝扮，幞頭公服，寥寥幾人，稀稀少少，盡都感慨不已。】

分析：三組對比，形象地描寫出衆人三次面聖的變化，也更渲染出征方臘回來的淒涼。

rén xī xī shǎoshǎo jìn dōugǎnkǎi bù yǐ
人，稀稀少少，盡都感慨不已。①

cǐ shí lǔ zhì shēn yuán jì wǔ sōng chū jiā lín
此時，魯智深圓寂，武松出家，林

chōng hé yáng zhì bìng gù yān qīng hé lǐ jùn děng rén bú yuàn
沖和楊志病故，燕青和李俊等人不願

huí jīngdāngguān lí kāi le
回京當官，離開了。

huáng shang gěi sòng jiāng jí dà xiǎo zhòng jiàng yī yī fēng
皇上給宋江及大小衆將一一封

shǎng wěi yǐ guān zhí yòu shè tài píng yàn qìng hè fāng là zé
賞，委以官職；又設太平宴慶賀，方臘則

zhǎn shǒu shì zhòng fèng zhǐ fù rèn qián sòng jiāng zhòng rén yī yī
斬首示衆。奉旨赴任前，宋江衆人依依

bù shě hù dào zhēn zhòng hòu lái dài zōng chái jìn lǐ yīng
不捨，互道珍重。後來戴宗、柴進、李應

děng rén cí guān dōu dé shàn zhōng ruǎn xiǎo qī yīn chuān guo fāng
等人辭官，都得善終。阮小七因穿過方

là zì zhì de huáng páo bèi xiǎo rén xiàn hài biǎn wéi píng mín
臘自製的皇袍，被小人陷害貶爲平民，

tā běn bù xǐ huan zuò guān dài le lǎo mǔ huí shí jié cūn xiāo yáo
他本不喜歡做官，帶了老母回石碣村逍遙

kuài huo qù le guān shèng zài dà míng fǔ zǒng guǎn bīng mǎ
快活去了。關勝在大名府總管兵馬，

shèn dé jūn xīn dé bìng shēn wáng hū yán zhuó nián lǎo shí
甚得軍心，得病身亡；呼延灼年老時，

zhàn sǐ shā chǎng zhū tóng suí liú guāng shì pò le dà jīn guān
戰死沙場；朱仝隨劉光世破了大金，官

zhì tài píng jūn jié dù shǐ
至太平軍節度使。

sòng jiāng děng rén bèi zhòng yòng　yǐn qǐ cài jīng　gāo qiú
宋江等人被重用，引起蔡京、高俅
děng rén de jí dù　tā men xiān shì wū miè zài lú zhōu zuò guān
等人的嫉妒。他們先是污蔑在廬州做官
dì lú jùn yì yào zào fǎn　huáng shang bú xìn　gāo qiú jiàn yì
的盧俊義要造反。皇上不信，高俅建議
huáng shang zhào tā jìn gōng　qí shí shì xiǎng zài yù shàn li xià
皇上召他進宮，其實是想在御膳裏下
dú　lú jùn yì guǒ rán zhòng jì　zuò chuán huí qu shí　shuǐ
毒。盧俊義果然中計，坐船回去時，水
yín yǐ rù gǔ suǐ　diē rù huái hé ér sǐ　kě lián hé běi yù qí
銀已入骨髓，跌入淮河而死。可憐河北玉麒
lín　chéng le shuǐ zhōng qū sǐ guǐ
麟，成了水中屈死鬼。

jiē zhe tā men ràng huáng shang cì xia yù jiǔ ān fǔ zài chǔ
接着他們讓皇上賜下御酒安撫在楚
zhōu dāng guān de sòng jiāng　sòng jiāng fā xiàn yù jiǔ yǒu dú　yǐ
州當官的宋江。宋江發現御酒有毒已
wéi shí wǎn yǐ　tā fàng xīn bú xià lǐ kuí　lián yè bǎ lǐ kuí
爲時晚矣，他放心不下李逵，連夜把李逵
qǐng lai　děng dào lǐ kuí lín zǒu qián　sòng jiāng cái gào su tā　zì
請來。等到李逵臨走前，宋江才告訴他自
jǐ mìng bù jiǔ yǐ　yīn dān xīn sǐ hòu lǐ kuí huì chuǎng huò
己命不久矣，因擔心死後李逵會闖禍，
jiù zài tā gāng cái hē de jiǔ zhōng xià le dú　lǐ kuí dùn jué wǔ
就在他剛才喝的酒中下了毒。李逵頓覺五
léi hōng dǐng　bàn shǎng　liú lèi shuō　bà　bà　wǒ shēng
雷轟頂[1]，半晌，流淚說：「罷，罷！我生
shí fú shi gē ge　sǐ le yě yuàn dāng gē ge bù xià de yí gè
時服侍哥哥，死了也願當哥哥部下的一個

①【五雷轟頂】

此處的雷，代表動作，是主動出擊，懲罰的意思。五：代表金、木、水、火、土這五行。指各種災難臨到自己，比喻遭受了巨大的打擊。

xiǎo guǐ
小鬼！」

zhè yè wú yòng mèng jiàn sòng jiāng hé lǐ kuí yǐ sǐ
這夜，吳用夢見宋江和李逵已死，
yí xià jīng xǐng lèi liú mǎn miàn zuò dào tiān liàng cì rì tā
一下驚醒，淚流滿面坐到天亮。次日他
zhí bèn sòng jiāng hé lǐ kuí de mù qián kū jì huā róng yě gǎn
直奔宋江和李逵的墓前哭祭。花榮也趕
lai yuán lái tā yě mèng dào le sòng jiāng liǎng rén gǎn kǎi jiān
來，原來他也夢到了宋江。兩人感慨奸
chén dāng dào nán shě xiōng dì qíng yì shuāng shuāng zì yì
臣當道，難捨兄弟情義，雙雙自縊①。

①【自縊】俗稱上吊。用繩索自勒脖頸而死。

zhè yè huáng shang mèng jiàn dài zōng yǐn tā shàng le
這夜，皇上夢見戴宗引他上了
liáng shān pō zhǐ jiàn màn màn yān shuǐ yǐn yǐn yún shān hóng
梁山泊，只見漫漫煙水，隱隱雲山，鴻
yàn tīng sì zhèn zhèn āi míng shuāng fēng hǎo xiàng yǎn lèi cù
雁聽似陣陣哀鳴，霜楓好像眼淚簇

cù sòngjiāngxiàng tā xì sù yuānqíng tā dùn chī yì jīng
簇①。宋江向他細訴冤情，他頓吃一驚。

xià shān shí hū jiàn lǐ kuí shǒu chí shuāng fǔ bèng le chū lái
下山時，忽見李逵手持雙斧蹦了出來，

gāo jiào huáng dì lǎo ér nǐ wèi hé tīng xìn jiān chén tiǎo bō
高叫：「皇帝老兒，你爲何聽信奸臣挑撥，

qū hài le wǒ men de xìng mìng huáng shang jīng de mèng xǐng
屈害了我們的性命？」皇上驚得夢醒，

dàng yè wú mián
當夜無眠。②

tā jí zhào sù tài wèi diào chá zhè cái zhī dào sòng jiāng
他急召宿太尉調查，這才知道宋江

guǒ rán lí shì le shàng le zǎo cháo tā dà mà gāo qiú děng
果然離世了！上了早朝，他大罵高俅等

rén tā gǎn niàn sòng jiāng hé zhòng hǎo hàn de zhōng yì tè
人。他感念宋江和衆好漢的忠義，特

xià lìng zài liáng shān gài jìng zhōng zhī miào sù sòng jiāng jí
下令在梁山蓋「靖忠之廟」，塑宋江及

zhòng jiàng de shén xiàng hòu lái sòng jiāng děng rén cháng cháng
衆將的神像。後來宋江等人常常

xiǎn líng jì bài de bǎi xìng luò yì bù jué
顯靈，祭拜的百姓絡繹不絕。

①【只見漫漫煙水，隱隱雲山，鴻雁聽似陣陣哀鳴，霜楓好像眼淚簇簇。】

分析：巍巍梁山泊，如今盡顯淒涼，這樣的渲染更增添人物命運的悲傷感。

②【皇上驚得夢醒，當夜無眠。】

分析：此處的兩個「驚」字，更加突出了皇上被奸臣所蒙蔽的現實，也深化了事情的悲慘結局。

名師小講堂

梁山好漢那高過生死的美德，激勵我們要活得忠誠，活得正義！自古都是害忠良，爲國仍來當忠良。不怕奸臣盡讒言，後人終能破讒言。志雖受阻身受苦，笑問誰人不受苦？不懼邪惡滿塵間，必留清名爭世間！

chéng yǔ xiǎo kè táng
成語小課堂

tí xīn diào dǎn
提心吊膽

釋義：心和膽好像懸起沒有着落。形容非常擔心、害怕。

例句：自從做了那件虧心事，他就整天提心吊膽地過日子。

近義詞：擔驚受怕、忐忑不安

反義詞：心安理得、若無其事

xīn jīng dǎn zhàn
心驚膽戰

釋義：形容內心非常驚慌恐懼。

例句：經理在匪首的手槍威脅下心驚膽戰，只好把保險箱打開，眼看着被匪徒洗劫一空。

近義詞：戰戰兢兢

反義詞：泰然自若

dōng duǒ xī cáng
東躲西藏

釋義：形容爲了逃避災禍而到處躲藏。

例句：爲了逃避仇家的追殺，他不得不隱姓埋名，過着東躲西藏的日子。

近義詞：潛形匿跡

反義詞：招搖過市

zuò wò bù ān
坐卧不安

釋義：坐着躺着都不安寧。形容擔心憂慮，心神不安的樣子。

例句：聽説上級部門要來檢查，他如同熱鍋上的螞蟻，坐卧不安。

近義詞：坐立不安

反義詞：安之若素

mù dèng kǒu dāi
目瞪口呆

釋義：瞪大眼睛，嘴説不出話來。形容吃驚或害怕而愣住的樣子。

例句：上海馬戲團演員表演了難度極大的驚險動作，使在座的少年兒童目瞪口呆，嘆爲觀止。

近義詞：瞠目結舌、張口結舌

反義詞：鎮定自若

yīn cuò yáng chā
陰錯陽差

釋義：比喻由於多種偶然原因，而造成了差錯。

例句：小的時候我的夢想是當一名飛行員，可陰錯陽差，現在竟成了作家。

近義詞：鬼使神差

rú huò zhì bǎo
如獲至寶

釋義：好像得到了最珍貴的寶物。形容對於所得到的東西非常珍視喜愛。

例句：他從舊書攤上買到了一部《楚辭集注》，真是如獲至寶，高興得整整看了一個通宵。

近義詞：如獲至珍

反義詞：棄若敝屣

bú fèi chuī huī zhī lì
不費吹灰之力

釋義：形容事情很好做，不用費絲毫力氣。

例句：由於對方力氣弱，我們不費吹灰之力就取得了拔河比賽的決賽權。

近義詞：易如反掌

反義詞：費了九牛二虎之力

nǎo xiū chéng nù
惱羞成怒

釋義：指由於氣惱、羞臊而大怒。

例句：他一時惱羞成怒，砸了屋子裏所有的東西。

近義詞：氣急敗壞

反義詞：平心靜氣

yì qì xiāng tóu
意氣相投

釋義：志趣很合得來。

例句：能與意氣相投之人結爲知交，乃是人生一大樂事。

近義詞：志同道合、情投意合

反義詞：勢不兩立、格格不入

yáo yáo yù zhuì
搖搖欲墜

釋義：搖搖晃晃地要掉下來。形容十分危險，極不穩固。

例句：滿目破舊的書刊廢紙，胡亂堆積在搖搖欲墜的書架上。

近義詞：岌岌可危

反義詞：堅如磐石

jīn jīn yǒu wèi
津津有味

釋義：形容吃東西特別有味或說話、閱讀時很有興趣的樣子。

例句：他津津有味地給我們講述他這次旅遊的見聞。

近義詞：興致勃勃

反義詞：味同嚼蠟

nù bù kě è
怒不可遏

釋義：憤怒得抑制不住。形容非常憤怒。

例句：說出這種侮辱他的話來，難怪他怒不可遏。

近義詞：怒髮衝冠、怒火中燒

反義詞：心平氣和、笑容可掬

sān fān wǔ cì
三番五次

釋義：形容多次、屢次。

例句：我是怕你誤受其害，才三番五次提醒你。

近義詞：幾次三番

反義詞：絕無僅有

zǒu tóu wú lù
走投無路

釋義：無路可走。形容處境困難，陷入絕境。

例句：我已經到了走投無路的地步，才會來向你求助。

近義詞：日暮途窮

反義詞：柳暗花明、絕處逢生

hān chàng lín lí
酣暢淋漓

釋義：比喻極其暢快的樣子。

例句：這篇散文寫得酣暢淋漓，熱情奔放。

近義詞：淋灕盡致

dù xián jí néng
妒賢嫉能

釋義：嫉妒品德和能力比自己强的人。

例句：他心胸狹窄，妒賢嫉能，誰都難於與他共事。

近義詞：妒能害賢

反義詞：禮賢下士

yè chángmèng duō
夜長夢多

釋義：比喻時間拖久了事情可能發生不利的變化。

例句：既然決定了就快辦吧，免得夜長夢多，再出別的問題。

近義詞：節外生枝

zhēng xiān kǒng hòu
爭先恐後

釋義：爭着向前，害怕落後。形容競爭激烈。

例句：看到消防員因公負傷，傷勢垂危，市民們爭先恐後地要求獻血。

近義詞：你追我趕

反義詞：甘居人下

dà bù liú xīng
大步流星

釋義：形容邁着大步，走得飛快。

例句：提着燈籠的生寶在天亮前開始結霜的牛車路上，大步流星地向南走去。

近義詞：健步如飛

反義詞：步履維艱

miàn miàn xiāng qù
面面相覷

釋義：你看我，我看你，相對而視。形容驚懼或無可奈何的樣子。

例句：在座的人面面相覷，大家帶着詢問和疑惑的眼光望着她。

近義詞：相顧失色

反義詞：神色自若

bù tóng fán xiǎng
不同凡響

釋義：指不平凡，非常出色。

例句：這是一次別開生面、不同凡響的主題班會。

近義詞：卓爾不羣

反義詞：平淡無奇

luò huā liú shuǐ
落花流水

釋義：落的花隨着流水飄去。原形容衰敗的暮春景象。後比喻零落殘亂或慘敗的情景。

例句：我們齊心協力，一定能打得他們落花流水。

近義詞：潰不成軍

fēi huáng téng dá
飛黄騰達

釋義：像飛黄神馬似的很快地上升着。比喻很快發迹升官。

例句：我的叔叔一生淡泊自守，從没想過要飛黄騰達。

近義詞：平步青雲

反義詞：每況愈下